高等职业教育“十四五”规划教材

应用免疫学

雷莉辉　胡平　主编

中国农业大学出版社
·北京·

内容简介

本教材分为九个项目，项目一应用免疫学的认知，项目二免疫系统的认知，项目三抗原的认知，项目四抗体的认知，项目五免疫应答的认知，项目六变态反应的认知，项目七抗感染免疫的认知，项目八免疫预防，项目九免疫诊断。教材内容采用了项目加任务和技能的形式，把教学和生产实际相结合，侧重于动物疾病的诊断、预防及治疗等。教材内容新颖，系统全面，既可作为职业院校相关专业的教材，也可作为执业兽医、动物疫病防治员、基层兽医工作人员等的培训教材和学习用书。

图书在版编目(CIP)数据

应用免疫学 / 雷莉辉，胡平主编. --北京：中国农业大学出版社，2021.10
ISBN 978-7-5655-2630-5

Ⅰ.①应… Ⅱ.①雷…②胡… Ⅲ.①免疫学-高等职业教育-教材 Ⅳ.①Q939.91

中国版本图书馆 CIP 数据核字(2021)第 208244 号

书　　名　应用免疫学
作　　者　雷莉辉　胡平　主编

策　　划　张　玉　郭建鑫　　**责任编辑**　田树君　许晓婧
封面设计　郑　川
出版发行　中国农业大学出版社
社　　址　北京市海淀区圆明园西路 2 号　　**邮政编码**　100193
电　　话　发行部 010-62733489，1190　　编辑部 010-62732617，2618
　　　　　出版部 010-62733440　　读者服务部 010-62732336
网　　址　http://www.caupress.cn　　**E-mail**　cbsszs@cau.edu.cn
经　　销　新华书店
印　　刷　北京时代华都印刷有限公司
版　　次　2022 年 1 月第 1 版　　2022 年 1 月第 1 次印刷
规　　格　185 mm×260 mm　　16 开本　　10.5 印张　　260 千字
定　　价　32.00 元

编写人员

主　编　雷莉辉（北京农业职业学院）

胡　平（北京农业职业学院）

副主编　乔立东（北京农业职业学院）

艾君涛（北京农业职业学院）

参　编　孙　健（北京农业职业学院）

刘　燕（云南农业职业技术学院）

朱小甫（咸阳职业技术学院）

尚川川（北京生泰尔科技股份有限公司）

赵　卓（北京生泰尔科技股份有限公司）

曹　允（北京农业职业学院）

董冠英（北京农业职业学院）

鲍　娟（遵义职业技术学院）

窦守强（山东中医药高等专科学校）

前　言

本教材是根据教育部《关于加强高职高专教育教材建设的若干意见》《关于全面提高高等职业教育教学质量的若干意见》等文件精神，并依据教育部公布的高等职业学校畜牧兽医类专业教学标准的要求而编写的。

免疫学理论和方法是应用免疫学的重要组成部分。对于畜牧兽医类专业的高职高专学生来说，应用免疫学技术是最常用也是最有用的工具之一。免疫学作为生命科学研究中的一个交叉学科，广泛应用于动物疾病的诊断、预防及治疗等方面，因而高品质高职高专应用免疫学教材的建设成为必然需求。

本教材的编写坚持职业教育的工学结合理念，围绕免疫学的应用来展开。按照高职院校面向生产一线培养高素质技能型专门人才的目标，建立以技能培养为主线的应用免疫学理论与技术技能体系，强调利用免疫学理论来实施免疫技术，达到培养具有创新精神、发展潜力和实践能力的高技能应用型人才的需求。

本书共包括9个项目，项目一应用免疫学的认知，项目二免疫系统的认知，项目三抗原的认知，项目四抗体的认知，项目五免疫应答的认知，项目六变态反应的认知，项目七抗感染免疫的认知，项目八免疫预防，项目九免疫诊断。

本教材编写分工如下：北京农业职业学院雷莉辉负责编写项目一、四、六和项目九部分内容；北京农业职业学院曹允、乔立东负责编写项目二；遵义职业技术学院鲍娟、山东中医药高等专科学校窦守强负责编写项目三；北京农业职业学院艾君涛、胡平、董冠英负责编写项目五；北京农业职业学院孙健、咸阳职业技术学院朱小甫负责编写项目七；云南农业职业技术学院刘燕负责编写项目八；北京生泰尔科技股份有限公司赵卓、尚川川负责编写项目九部分内容。

感谢北京农业职业学院及参编院校领导对本教材编写工作的支持，感谢北京生泰尔科技股份有限公司对本教材编写出版的关注。本教材在编写过程中，参考了大量的相关资料，吸取了许多同仁的宝贵经验，在此深表谢意！

由于编者水平有限，成稿时间仓促，本教材可能存在一些缺点和错误，恳请广大读者及同行专家批评指正。

编　者

2021年6月

目　　录

项目一

应用免疫学的认知

【学习目标】

知识目标

◆ 掌握免疫及免疫学的概念。

◆ 掌握免疫的基本功能。

◆ 掌握免疫的基本类型。

◆ 了解免疫学发展简史。

◆ 了解动物免疫学在动物医学专业中的重要地位。

能力目标

◆ 能辨别动物临床上的传染与免疫现象。

◆ 能运用免疫学知识分析临床感染现象。

◆ 能区分非特异性免疫与特异性免疫。

素质目标

◆ 培养学生辩证分析问题的能力及实事求是的工作态度。

◆ 培养学生善于思考、严谨务实的职业素质。

◆ 培养坚定理想信念、爱岗敬业、团结协作的无私奉献精神。

【必备知识】

任务一　免疫学认知

一、免疫学与应用免疫学

很早以前，人们就观察到了机体发生的免疫现象，并将其运用到疾病预防的实践中。免疫学作为一门自然科学，最早只被视为细菌学的一部分，随后又被视为微生物学的一部分，是以研究抗微生物感染而发展起来的一门科学。20 世纪 50 年代以来，免疫学在理论和实践方面有了飞跃发展，形成了一门独立的、富有生命力的新兴学科。随着细胞生物学、分子生物学、生物化学和遗传学等的发展及渗透，免疫学已逐渐成为生命科学研究不可缺少的一门学科。

免疫学(immunology)是研究免疫系统的结构与功能、免疫应答、免疫应答产物与抗原反应的理论和技术，发挥机体有益的防卫功能，防止有害的病理作用，以发展有效的疫病预防措施，实现诊病、防病、治病为目的的一门生物科学，是与医学和兽医微生物学同时诞生的。

动物(兽医)免疫学与医学免疫学的研究内容基本是一致的，只不过前者更侧重于免疫血清学诊断与免疫预防。

应用免疫学是在掌握动物免疫学基本理论知识的基础上，侧重于利用免疫学检测技术进行动物传染病的实验室检测及合理利用免疫制品进行传染病诊断、预防与治疗。

二、传染与免疫

1.传染的概念

传染又称感染，是指病原微生物侵入动物机体，并在一定的部位定居、生长繁殖，从而引起机体一系列病理反应的过程。在传染发生的过程中，病原微生物的侵入、生长繁殖及产生的有毒产物对动物机体正常的生理机能造成一定程度的损害。机体为了保护自身的正常生理功能不被破坏，对病原微生物表现出一系列的防御反应。因此，传染是病原微生物的致病作用与动物机体的抗感染作用之间的相互作用、相互斗争的一种复杂的生理学反应过程。

2.免疫的概念

immune(免疫、免疫的)一词是从拉丁文 immunis 衍生而来的，是一个法律概念，意即免除课税，免除奴役。很早以前，人们就注意到传染病患者痊愈后，对该病即产生不同程度的不感受性，即抗御病原微生物在机体内生长繁殖，解除毒素或毒性酶等有害代谢产物的毒害作用。因此，在相当长的时期内，就将这种不感受性称为“免疫”，意即免除感染、免除疫病。换言之，免疫是指机体对传染因子的再感染有抵抗力，即在初次感染后，对传染因子产生了免疫应答的结果。可见免疫学从一开始就是伴随着抗传染病的研究而发展起来的，如传染病的诊断和病原微生物的分离鉴定等常借助于一些免疫学方法提供的结果来解决；有些传染病的预防和治疗也是以免疫学的理论和方法为依据实施的。所有这些，使得免疫的内涵与微生物学更为密切相关，使人们长期误认为免疫仅指机体抗感染的防御功能，而且免疫对机体都是有利的。随着更多现象的观察，这种传统的概念逐渐动摇了。在 20 世代早期，已经揭示了一些与抗感染无关的免疫现象，如注射异种动物血清引起的血清病，血型不符的输血引起受者的输血反应，以及有些物质引起的过敏反应等。由于对这些现象观察的积累及对其科学的分析，使人们对传统免疫学的认识发生了根本性的改变。这些观念的改变包括：①免疫应答不一定由病原因子引起，免疫功能也不局限在抗感染方面；②免疫应答不一定对机体都有利，也可以有害。综合观察到的各种免疫现象认为，免疫(immunity)是机体接触“抗原性异物”或“异己分子”所发生的一种特异性生理反应；其作用是识别自身(self recognition)和排除异己物质(rejection of nonself substance)，以维持机体的动态生理平衡。这种维持机体动态平衡的生理反应，通常对机体是有利的，但在某些条件下也可以是有害的。综上所述，现代免疫的概念可以概括为：机体识别自身与非自身物质，并清除非自身的大分子物质，从而保持机体内外环境平衡的生理学反应。免疫是一种复杂的生物学过程，也是动物正常的生理功能。

传染与免疫二者相互对抗，相互依存。没有病原微生物的感染，就没有抵抗病原微生物的免疫发生。一般情况下，传染可激发机体产生免疫，而免疫的产生又可终止感染。二者力量抗衡程度不同，机体表现的过程也不同。当机体免疫状态良好，而微生物能激发强烈的免疫应答，同时病原微生物毒力较低，免疫可终止传染；相反，如果机体因为某些因素导致免疫力低下，病原微生物入侵则容易引起传染。

三、免疫的基本功能

1. 免疫防御

免疫防御是指动物机体排斥外源性抗原异物的功能。这种能力包括两个方面：一是抗感染作用，即当病原微生物侵入时，机体即迅速动员全身防御力量，将该入侵者消灭、清除，从而免除传染；二是免疫排斥作用，即排斥异种或同种异体的细胞、组织及器官，这是在输血、组织器官移植时常发生的反应。如果这种功能出现异常，就会对机体造成损害。例如，当免疫功能亢进时，会造成组织损伤和功能障碍，引起变态反应，导致机体组织损伤和功能障碍；当这种功能低下或免疫缺陷时，机体易受到病原微生物的反复感染。

2. 自身稳定

自身稳定又称免疫稳定。即保证机体组织和细胞进行正常代谢活动的一种功能。清除衰老、死亡和破坏的组织细胞，去除代谢和损伤所产生的废物，使机体内部的细胞保持均一性，以防发生自身免疫病。如果这种功能失调会将正常的自身细胞误认为异物而加以排斥和清除，导致自身免疫病的发生。

3. 免疫监视

机体的正常细胞常因物理、化学和病毒等因素的作用发生突变，或由于遗传误差，经常会产生非正常型的突变细胞，其概率约为十亿分之一，免疫监视功能主要是发现和处理这些突变细胞，以防癌的发生。正常机体具有识别及清除体内出现的突变细胞的功能。如果免疫监视功能失调，这些突变细胞就有可能无限地增生而形成肿瘤或持续性的病毒感染。

免疫具有两面性，对机体而言是一把“双刃剑”，在多数情况下免疫的结果对机体是有利的，但也可能在一定条件下表现有害作用。免疫是对传染而言，没有传染就无所谓免疫。传染是由病原体的侵入而引起，免疫则是机体针对入侵的病原体而形成的防卫机能。

四、免疫学发展简史

免疫学的基础研究包括阐明引起免疫应答的抗原、执行免疫应答的免疫系统、产生免疫应答的现象和机制、免疫应答产物的种类及其特性，以及它们与相应抗原的反应和后果；免疫学在应用方面的研究包括建立检测抗原、抗体、细胞因子、免疫应答产物和免疫细胞等，阐述某些疾病的免疫学发病机制，以及研究如何促进或阻遏甚至中断不利于机体的免疫过程等技术。免疫学和其他自然科学一样，都是经历着经验阶段、实验阶段和理论阶段，螺旋式发展上升。在发展的各阶段中，有所重叠，难以截然分开，免疫学亦不例外，回顾免疫学的发展历史，将有助于了解其形成的历史背景、现状、发展和创造未来。

1. 免疫学的萌芽期(16 世纪至 19 世纪末)

传染病古称瘟疫，天花是一种烈性传染病，健康人一旦接触患者，几乎无不遭受感染，但感染后幸存者，即不会再次感染。到公元16世纪（明隆庆年间），我国劳动人民在长期防治天花的实践中，发明了用人痘痂皮进行接种，造成人工轻度感染，达到了预防天花的目的。17世纪时，人痘接种经“海上丝绸之路”，东传至朝鲜、日本及东南亚一些国家，虽带有危险性，有可能传播天花，但在人痘接种上是我国对预防医学的一大贡献。这是最早的经验式的免疫学实践，客观地证实了患过一次即使是轻微的或不典型的传染病后，即可以获得免疫。这种免疫是特异性的。200多年后，又一重要发明问世。英国乡村医师Jenner曾接诊一位主诉发热、背痛和呕吐的挤奶女工，他考虑病人可能感染天花，女工肯定地说：“我不可能得这种病，因为我已患过牛痘了！”Jenner已知奶牛乳房溃疡，常可传至挤奶的工人，引起类似天花的脓疱（牛痘），但并不致命。他从正在患牛痘的一名挤奶女工身上的脓疱中取少许脓液注射至一个8岁男孩James Phipps臂内，6周后男孩的牛痘反应消退，Jenner为了证实其效果，竟用同样方法先后给Phipps注射达20次！但Phipps安然无恙。据此Jenner于1798年出版其专著，书中称此技术为Vaccination（种痘），取意于拉丁字Vacca（牛）。经过一段旧习惯势力阻挠后，应用接种牛痘预防天花的方法终于被广泛地接受了。

2. 免疫学的兴盛期（19世纪末至20世纪初）

经过几百年的经验免疫学实践后，免疫学的发展进入了以实验为主的第二阶段。Jenner的牛痘苗预防正是这两个阶段的过渡和联系。法国科学家巴斯德（Louis pasteur，1822—1895）和德国科学家柯赫（Robert Koch，1843—1910）奠基的微生物学从一开始就与传染病发生了紧密的联系，为发现各种传染病的病原提供了实用的方法学。巴斯德（1880）意外地观察到陈旧的鸡霍乱杆菌培养物注射到鸡体内，鸡不被感染。他进一步的实验表明，用新鲜培养的鸡霍乱杆菌再给这些鸡注射，它们仍不发病，而未注射过陈旧培养物的对照鸡多数发病死亡。巴斯德为了纪念100年前Jenner的功勋，将这种接种也称为Vaccination，将接种的制剂相应地称为vaccine（疫苗、菌苗）。在此基础上，巴斯德于1881年用高温培养法获得炭疽杆菌减毒株，继而用动物传代和干燥法获得了狂犬病病毒减毒株，二者均有显著的预防效果。这些实例说明细菌学的发展，使人们成功地分离培养病原菌，并进而使制备菌苗成为可能，为应用免疫学方法预防传染病打开了局面，并获得了许多成果。Roux和Yersin（1888）发现从白喉患者分离的病原菌能产生毒素，初步说明了白喉的发病机制。在此基础上，Von Behring和北里（Kitasato）将对白喉毒素有抵抗力的动物血清（免疫血清）注射于健康动物，可使后者同样获得对白喉毒素的抵抗力。这是因为该免疫血清中含有一种称为抗毒素的物质。免疫血清用于治疗白喉，是人工被动免疫建立的先声。在19世纪末和20世纪初，许多科学家先后发现了免疫血清在体内和试管内可以凝集细菌、杀灭细菌和溶解细菌。将血清中能与相应细菌或毒素反应的物质称为抗体，引起抗体产生的刺激物质（细菌、细胞、病毒）则称为抗原。体外抗原抗体反应的研究形成了免疫学的一个分支血清学。这对病原的鉴定和传染病的诊断起到相当重要的作用。至此，随着细菌学的发展而兴起的免疫学对于传染病的预防、治疗和诊断的重要作用，已被公认。这个时期免疫学在传染病的预防和治疗上取得了很大的成功，形成了免疫学历史上的一个高峰。但另一方面，免疫的概念和免疫学的发展，在相当长的一段时期内，又受到微生物的束缚和影响。血清学的发展又促进了免疫化学的发展。20世纪30年代，人们开始对抗原的特异性、抗体的理化性质、抗原抗体反应机制进行了广泛的研究。20世纪40年代以后，在经典的血清学反应的基础上，一些先进的检验和检定抗原或抗体的方法陆续问世，进一步推动了免疫化学的发展。在血清学和抗感染免疫学发展的同时，人们从不同方面探讨了机体保护性免疫的机制。以俄国科学家 Metchnikoff(1890)为代表的细胞免疫学派认为:机体免疫中吞噬细胞的吞噬作用是主要的,而以 Ehrlich(1897)为代表的体液免疫学派则认为:血清抗体的防御作用是首要的。Wright 和 Douglas(1903)研究吞噬细胞的吞噬作用时,发现了调理素(血清和其他体液中存在的一种有助于吞噬细胞对细菌等进行吞噬的成分),证明吞噬作用在这种体液因素参与下可大为增强,从而初步统一了两个学派的争论,使人们开始认识到对机体的免疫机制应全面地理解。但当时血清学和免疫化学的发展与细胞免疫的观念相比,体液免疫的观念处于相对领先地位,因此对机体免疫很多问题的阐述还是侧重于抗体或体液免疫的作用。至此,所涉及的免疫都是对机体的保护作用,事实上,早在 20 世纪初已观察到一些完全相反的现象。Richet 和 Portier 在用海葵触角的甘油提取液给犬注射的实验中,观察到提取液对犬有毒性,可引起死亡,但其中有些犬可以因注射剂量不足或其他原因而幸存。经 2～4 周后,当他们用这些犬重复试验时,结果出现极反常的现象。即使对这些犬注射极少量毒素(如原注射量的 1/20),它们亦会立即出现严重的症状:呕吐、便血、晕厥、窒息以至死亡,他们经多次重复证实后,于 1902 年提出三个主要事实:①过去注射过毒素的动物比未注射者敏感得多;②第二次注射引起的症状完全不同于第一次;③需要 3～4 周的潜伏期。Richet 和 Portier 称这种现象为 anaphylaxis(取意于希腊字 ana 和 phylaxis,意即无保护作用),中文译为超敏反应,意即经过注射后,未起到保护效果,反而引起有害的敏感性增高。Von Pirquet 和 Schick 在应用异种动物血清(如马的抗白喉毒素血清)治疗患者时,发现患者在注射抗血清后,经 7～14 d 出现发热、皮疹、水肿、关节肿等症状,病程短暂,且能自愈,由于这是因为应用治疗血清而引起的,因此称为血清病。过敏反应和血清病以及有关现象虽然各自的机制有所不同,但其共同点是机体对刺激物不是增强抵抗力,而是呈现了敏感性。因此,它们被称为超敏反应(hypersensitivity)。Von Priquet 认为免疫和超敏反应是一个现象的两个对立面;前者是提高了抵抗力(保护作用),后者是提高了敏感性(损伤作用)。因此,他将这些现象统称为 allergy(源于希腊字 Allos,另一种;ergon,作用),即超敏反应,或称变态反应。超敏反应的研究,一方面动摇了免疫的传统概念,同时,开创了免疫学的一个新分支——免疫病理学,研究免疫应答引起的组织损伤效应。从此,免疫学除了仍与微生物学和传染病有着传统的联系外,还延伸至其他临床学科。

3.免疫学的腾飞期(20 世纪初至 20 世纪中)

从第一次世界大战后,免疫学由于相关学科发展的促进,有了质的飞跃。在理论上出现了崭新的理论体系,在方法学上更是出现了许多新仪器和新技术,因此使免疫学充满了生机,渗透至许多生物医学学科中。早在 1901 年,Ehrlich 提出了"自身中毒禁忌"的概念,他认为机体虽然对异物有免疫应答,但对自身成分并不如此,后来一些观察揭示机体也有针对自身成分的应答。DonaTh 和 Landsteiner(1907)从阵发性寒冷血红蛋白尿患者首次发现了抗自身红细胞的抗体。Dameshek(1938)再次研究自身溶血性贫血时,提出自身免疫现象似乎是极为常见的观点。Witebsky(1956)等成功地建立了多种出现自身免疫损伤的动物模型。这样,对传统免疫学的认识又出现了一个改变,即免疫应答不一定单是针对进入体内的异物(细菌、异种血清),自身成分在某些特殊情况下也可诱导产生免疫应答。另一方面,又发现了机体对异物不产生免疫应答的现象。Owen(1945)报道了一个有趣的现象,两只遗传基因不同的异卵双生牛的血流中,彼此有另一方的异型细胞,成为不同血型嵌合体,这是因为双胎牛不同于人,双胎牛共有一个胎盘,因此,两个胎牛的血细胞可以互相交流,不同型的血液可以共处而不互相排斥，该现象称为天然耐受现象，这种双生牛虽然是异卵双生，但彼此的皮肤可以互相移植而不被排斥。这一现象的发现提出了自身识别和免疫耐受的问题，标志着现代免疫学的开始。Burnet(1949)提出了免疫耐受的理论，解释了血型嵌合的现象。在此基础上，Medawar 等(1953)研究人工耐受现象取得成功，出色地证明了胚胎期耐受的理论。这些发现极大地推动了现代免疫学理论的形成。早在 1908 年 Ehrlich 提出抗体生成的侧链学说，他是受体学说雏形的首创者。他认为抗毒素分子是细胞表面的一种受体，外毒素进入机体后，与之结合，刺激细胞产生更多的抗毒素分子，后者自细胞表面脱落进入血液，即是抗体。当时，此学说由于证明不足，遭到多方面的反对，长期束之高阁。随后几十年中，各种假说莫衷一是。对创立现代免疫学说有突出贡献的，首推 Jerne(1955)提出抗体生成的自然选择学说，他认为机体不经免疫，体液循环内也存在着很低浓度的针对各种抗原的天然抗体，当机体接触某一外来抗原时，此抗原即与相对应的特异性抗体反应，形成抗原抗体复合物，该复合物如被吞噬细胞摄取，则抗原与抗体解离，并被酶分解，剩下的抗体可诱导吞噬细胞合成具有与它相同的特异结构抗体。Burnet 也提出过一些假说，以后他根据生物学和遗传学的理论，在上述学说和免疫耐受现象的观察和发现的启示下，逐步形成了产生抗体的无性细胞系选择学说或称克隆选择学说(clonal selection theory，1959)，其要点是：①体内存在着具有各种不同受体的免疫细胞克隆(clone)，即细胞系，所谓克隆是指由一个祖先细胞经无性分裂繁殖而形成的一群细胞，在这群所有的细胞中，如无突变发生，其基因则是相同的，一旦发生突变，则其后代即形成新的细胞克隆；②抗原进入机体可选择性地刺激具有相应受体的克隆，使之活化、增殖和分化，最后形成产生相应抗体的细胞或免疫记忆细胞；③胚胎期某一克隆如接触相应抗原，包括外来的抗原及自身物质，即被消除或抑制，称为禁忌克隆(forbidden clone)或禁系，即机体对这些抗原产生了免疫耐受性；④禁忌克隆可以复活或突变，成为能与自身成分起反应的克隆。这个学说不仅较完善地解释了抗体的产生机制，同时对许多现象(如对抗原的识别、免疫记忆、免疫耐受、血型抗体、自身免疫、移植排斥等)都能作出较合理的解释。同时，许多科学家做了一些独具匠心的实验，支持了这个学说。但该学说也还有不足之处，对此，有些学者作了补充和修正。机体发生的免疫应答如何调节？20 世纪 70 年代 Jerne 科学地提出了免疫网络学说，是现代免疫学理论的重要发展。他打破了 Burnet 关于免疫应答只是单克隆承担的局限性，把免疫应答看成是免疫细胞和免疫分子相互作用的网络调节的结果，从而从一个新的角度解释了免疫耐受、自身免疫和超敏反应等问题，在理论和实践上都有重要意义。这就使免疫学自 20 世纪中至今，从抗传染免疫的概念中彻底解脱出来，成为一门研究机体自我识别和对抗原性异物排斥反应的科学，即以识别“自身”与“非自身”为中心，从而维持机体自身生理稳定的一门独特的生物学科。

4.现代免疫学的建立(20 世纪中至今)

根据免疫学发展的需要，1969 年 7 月在美国华盛顿成立了国际免疫学协会联合会(International Union of Immunology Societies，IUIS)，该联合会当时有 42 个成员国协会参加，拥有 3 万多名会员，下设六个工作委员会：临床免疫、命名、教育、标准化、兽医、专题及一个奖项——山道士免疫学奖；并于 1971 年在华盛顿召开第一次国际免疫学大会，自此，每 3 年召开 1 次，于 1998 年在印度新德里召开了第十次国际免疫学大会，也是 20 世纪最后的一次；我国于 1984 年 9 月参加了该组织，称为 Chinese Joint Committee for IUIS(CJCI)。该联合会的成立，标志着现代免疫学的建立，有力地推动了免疫学的发展，自此以后，免疫学研究经历了三次重大突破。第一次是20世纪70年代，明确了小淋巴细胞是免疫活性细胞，对T、B细胞的形态特征及功能做了研究，并阐明了免疫活性细胞在免疫调节中的作用。第二次是80年代，系由分子生物学技术的应用引发的，结果是对免疫应答过程研究得更精细，免疫球蛋白基因超家族了解得更深入，并发现了许多具有重要功能的细胞表面分子(如CD分子等)，并对多种细胞因子及其受体的基因和功能进行了广泛研究；当然，这些成果的取得应归功于McAb(mAb)技术的发展，因只有McAb才能更特异、更简单地来鉴定和分离这些分子。进入90年代，免疫学实现第三次突破，对免疫系统的起源与演化，免疫应答过程中信号传导的分子基础，以及免疫分子在机体整体中的作用进行了研究，是当代免疫学研究的主要前沿，对各种免疫分子的功能从整体上进行综合，使我们可以更全面、更深刻地理解免疫系统中各种免疫分子的结构与功能及其相互关系。另外许多免疫学技术如放射免疫技术、免疫酶技术、免疫荧光技术、McAb、PCR、生物芯片、基因敲除及小鼠转基因技术等的建立，对免疫学的发展也起了重要的推动作用。所以在第一次IUIS会议上一致认为，再将免疫部分包含在医学微生物学及兽医(动物)微生物学中是不适宜的，而且影响它的发展，应当自成体系，单独建立免疫学科。

目前，随着分子生物学、细胞生物学、分子遗传学和生物高技术等诸多学科的发展，免疫学的基本理论和操作技术获得了更深入的发展，其内容已渗透到化学、生物学、生理学、病理学、药理学、毒理学、遗传学、组织学、数学、光学及临床医学等许多有关学科中，不但建立了许多分支学科，而且在深度上和广度上均有许多新的发展和突破，为医学及兽医学的发展做出了重要的贡献。

五、免疫学在兽医学中的应用

现代免疫学不断向多学科渗透，已成为生命科学的前沿学科之一，在兽医学和生物学等领域中具有不可替代的地位。

1. 免疫学诊断

免疫学诊断或免疫检测技术已成为临床兽医学不可缺少的重要手段。血清学试验的最大特点是其具有高度的特异性，可以直接从某些病例样本中检出病原微生物。血清学试验还可应用于检测相应的抗体，判断机体免疫功能状态等。兽医临床上对某些动物传染病，如鸡白痢、鸡马立克病和白血病等则主要依靠血清学试验进行确诊，或进行流行病学调查。而对一些慢性传染病，如结核病、布鲁氏菌病等则主要依靠超敏反应检出隐性带菌者。

2. 免疫学预防

免疫接种可激发机体体液免疫应答和细胞免疫应答。根据此原理，可用疫苗来保护动物免受细菌性和病毒性感染，如猪瘟、鸡新城疫、鸭瘟等烈性传染病的控制主要依靠疫苗。

随着人类生产、生活方式的改变及生物不断演化，新的病原体可能会不断出现，严重威胁畜禽养殖业的发展。控制并消灭新出现的传染病，其根本措施仍是研制出有效疫苗进行预防接种。

3. 免疫治疗

抗血清被动免疫可用作紧急治疗及预防。某些病毒病如小鹅瘟、鸭传染性肝炎、番鸭细小病毒病等在发病初期应用抗血清或卵黄抗体治疗有一定效果。兽医临床上对某些名贵种畜(禽)应用抗血清进行短期预防也是可行的。

任务二 非特异性免疫的认知

机体的免疫分为非特异性免疫和特异性免疫两大类。非特异性免疫，又称先天免疫或固有免疫。它是动物一生下来就具有，对各种入侵的病原微生物能快速反应，具有非专一性，同时在特异性免疫的启动和效应过程中也起着重要作用。而特异性免疫又称获得性免疫或适应性免疫，这种免疫只针对一种病原，具有专一性。它是动物机体经后天感染(病愈或无症状的感染)或人工预防接种(菌苗、疫苗、类毒素、免疫球蛋白等)而使机体获得的抵抗感染能力。一般是在微生物等抗原物质刺激后才形成的(免疫球蛋白、免疫淋巴细胞)，并能与该抗原起特异性反应。

一、非特异性免疫概述

非特异性免疫是动物在长期进化过程中形成的一系列天然防御功能，是个体出生后就具有的天然免疫力，故又称先天性免疫。具有遗传性。非特异性免疫能识别与清除一般性异物，但不能区别异物之间的差异，因此它的作用范围相当广泛，对多种原微生物都有一定程度的防御作用，没有特殊的针对性，所以称为非特异性免疫。在抗传染免疫中，该种免疫发挥作用最快，起着第一道防线的防御作用，是特异性免疫的基础和条件。所以增强机体的非特异性免疫力是提高机体免疫力的重要方面。

二、非特异性免疫的机理

构成动物机体的非特异性免疫因素很多，其中主要是皮肤、黏膜等组织的生理屏障功能、吞噬细胞的吞噬作用、体液中的抗微生物物质等。

(一)防御屏障

1.皮肤和黏膜屏障

皮肤和黏膜屏障是机体的体表防卫机构。绝大多数病原微生物不能通过完整的健康皮肤和黏膜。除机械阻挡作用外，汗腺分泌的乳酸和皮脂腺分泌的脂肪酸及黏膜分泌的多种杀菌物质如溶菌酶、胃酸等都有抑菌和杀菌作用。此外，皮肤和黏膜上存在的多种正常菌群对病原微生物的生存也有抑制作用。因此，皮肤和黏膜能通过机械的、化学的和生物的多种作用抵抗病原微生物的侵入。

2.血脑屏障

血脑屏障是防止中枢神经系统发生感染的重要防卫机构。它主要由脑毛细血管壁和胶质细胞构成，能阻止病原体和大分子毒性物质随血液进入脑组织和脑脊液。婴幼儿及仔畜的血脑屏障尚未发育完善，较易发生中枢神经感染。

3.胎盘屏障

胎盘屏障是保护胎儿在母体子宫内免受感染的一种防卫机构。各种动物胎盘屏障的组织结构不完全相同，但都能有效地阻止绝大多数病原微生物经由胎盘感染胎儿。但某些病毒如猪瘟病毒、牛白血病病毒、猪乙型脑炎病毒等，也可在妊娠期间感染胎儿，布鲁氏菌则往往引起胎盘炎症而导致胎儿感染。

另外，机体中还存在着肺的气血屏障（防止病原经肺泡进入血液）、睾丸中的血睾屏障（防止病原进入曲精细管）、血胸腺屏障等，都是保护机体正常生理活动的重要屏障结构。

（二）吞噬作用

吞噬作用是动物进化过程中建立起来的一种原始而有效的防御反应。当病原微生物突破机体屏障结构进入体内时，将会遭到吞噬细胞的吞噬与围歼。

1.吞噬细胞

吞噬细胞是吞噬作用的基础。动物体内的吞噬细胞主要有两大类，小吞噬细胞和大吞噬细胞。前者个体较小，主要以血液中的中性粒细胞为代表，具有高度的移行性和非特异性吞噬功能，在血液中存活 12～48 h，在组织中只存活 4～5 d，能吞噬并破坏异物，还能吸引其他吞噬细胞向异物移动，增强吞噬效果。嗜酸性粒细胞具有类似的吞噬作用，还具有抗寄生虫感染的作用，但有时能损伤正常组织细胞而引起过敏反应。后者形体较大，能黏附于玻璃和塑料表面，又称黏附细胞。它们属于单核吞噬细胞系统，包括血液中的单核细胞和移行于各组织器官而形成的多种巨噬细胞。巨噬细胞由于定居部位不同，有许多不同名称。如肝脏中的枯否细胞、肺脏中的尘细胞、神经组织中的小胶质细胞等。吞噬细胞内含有许多具有杀菌或降解异物作用的物质和溶酶体。它们分布广泛，寿命长达数月至数年，不仅能分泌免疫活性分子，而且具有强大的吞噬能力。

2.吞噬、杀菌过程

吞噬细胞具有捕捉病原体或其他异物的能力，吞噬细胞接近病原菌或其他异物颗粒时，对较大颗粒由细胞伸出伪足将其包围吞噬，对较小颗粒在吸附后，细胞内陷将其吞入细胞，形成吞噬体。然后吞噬体逐渐向溶酶体靠近，并相互融合成吞噬融酶体。紧接着溶酶体中的各种水解酶和其他杀菌物质，即可发挥消化、溶解、杀灭细菌的作用。

3.吞噬作用的后果

由于机体的抵抗力、病原菌的种类和致病力不同，吞噬发生后可能表现完全吞噬和不完全吞噬两种结果。

动物机体抵抗力和吞噬细胞的功能较强时，病原微生物在吞噬溶酶体中被杀灭、消化后，连同溶酶体内容物一起以残渣的形式排出细胞外，这种吞噬称为完全吞噬。一般细菌在吞噬后 1～2 h 内便可被杀灭、消化并排出残渣。相反，当某些细菌如结核分枝杆菌、布鲁氏菌、鼻疽杆菌等细胞内寄生菌及一些病毒被吞噬后，不能被吞噬细胞破坏并排到细胞外，称为不完全吞噬。此时，病原体不但不被杀灭，反而可在吞噬细胞内生长、繁殖，甚至随吞噬细胞的游走而扩散，引起更广泛的感染。此外，吞噬细胞在吞噬过程中可向胞外释放出溶酶体酶，因而过度的吞噬往往造成周围组织的损伤。

吞噬细胞的吞噬作用是机体非特异性抗感染的重要因素，而在特异性免疫中，吞噬细胞会发挥更强大的清除异物的作用。

（三）正常体液中的抗微生物物质

正常体液中含有多种非特异性的抗微生物物质，具有广泛的抑菌、杀菌及协助和加强吞噬的作用。主要有：

1.补体

(1)补体的概念　补体是正常人和动物血清中一组不耐热的具有酶活性的球蛋白,包括近30余种不同的分子,故又称为补体系统,常用符号C表示,按被发现的先后顺序分别命名为C1、C2、C3等。在正常生理情况下,血清中的补体含量保持相对稳定,呈无活性状态。补体只有被激活后,才能发挥一系列的生物活性作用。补体的激活物主要是抗原抗体复合物(即抗原与抗体特异性结合形成的复合物)及其他可溶性激活因子,发挥溶血和溶细胞作用。

(2)补体的生物学特点

①补体在血清中的含量相对稳定,占血浆球蛋白总量的10%～15%,不因免疫而增加。以豚鼠血清中补体含量最丰富,因而在试验中常以豚鼠血清作为补体的来源。

②补体性质极不稳定,56 ℃ 30 min即可失去活性。血清及其制品经56 ℃ 30 min的加热处理被称之为灭活,就是为了破坏补体,以免引起溶血。此外,紫外线、机械振荡、酸碱环境、蛋白酶等均可使其灭活。

③补体能和抗原抗体复合物结合,并被激活。补体可与任何抗原抗体复合物结合,没有特异性。正常生理情况下,补体成分以无活性的酶前体即酶原的形式存在,不表现活性;只有在抗原抗体复合物等激活因子的刺激下,补体系统各成分才可依次被激活,表现各种活性。

(3)补体的激活途径与激活过程　补体系统各组分以无活性的酶原状态存在于血浆中,必须激活才能发挥作用。补体系统被激活时,前一组分往往成为后一组分的激活酶,因此补体成分需按一定顺序进行反应,称为补体的顺序反应或称为连锁反应。激活补体的途径主要包括经典途径(图1-1)和旁路途经(图1-2)两种。

①经典途径　又称传统途径或C1激活途径,此途径的激活因子多为抗原抗体复合物。当抗体和相应的抗原结合时,抗体构型改变,暴露补体结合位点,C1能识别此位点并与之结合而被激活,该复合物使C4裂解成小片段C4a和大片段C4b,C4a游离到血清中,C4b结合到抗原物质表面,C4b使得C2裂解为大片段C2a和小片段C2b,C2b游离到血清中,C2a结合到抗原物质表面形成C4b2a,此复合物能裂解C3,使C3裂解为小片段C3a和大片段C3b,C3a游离到血清中,C3b结合到抗原物质表面形成C4b2a3b,此复合物为C5转化酶。该酶裂解C5,生成小片段C5a和大片段C5b,C5a游离到血清中,C5b和C6、C7生成C5b67,再和C8结合生成C5b678并嵌入靶细胞的细胞膜,继而C9插入生成环形孔道就是所谓的攻膜复合物MAC,使靶细胞破裂死亡。

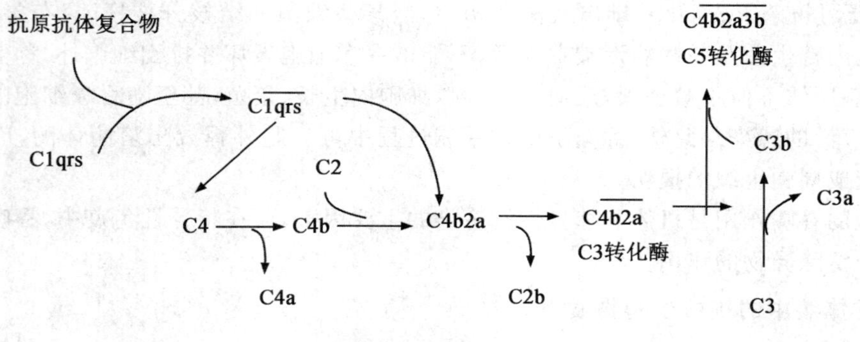

图1-1　补体激活的经典途径示意图

②旁路途经 旁路途经又称替代途径、C3激活途径、备解素途径。该途径不经过C1、C4、C2，而是从C3开始激活的。旁路途径的激活物除免疫复合物外，还有革兰氏阴性菌的脂多糖、酵母多糖等，在IF、P因子、D因子等多种血清因子的共同参与下，完成C3-C9的激活。

IF（始动因子，血清中的一种球蛋白）在脂多糖等激活物质的作用下，称为活化的IF，它在其他因子的协同下，激活备解素（P因子），激活的P因子在镁离子参与下，激活D因子，激活的D因子是C3激活因子前体的转化酶，可使B因子裂解为Ba、Bb两部分，Bb片段为C3激活因子，并与C3结合形成C3Bb，C3Bb使C3裂解成C3a和C3b，C3b再与Bb结合形成C3bBb，即C3转化酶，进一步对C3的裂解起放大作用；两个以上的C3b与Bb结合形成C5转化酶，C5以后的活化过程与经典途径一样，最后形成C5b6789，引起靶细胞的破坏。

机体由于有旁路途径激活补体的形式存在，大大增加了补体系统的作用，扩大了非特异性免疫和特异性免疫之间的联系。另外，在抗感染免疫中，抗体未产生之前机体即有一定的免疫力，其原因是细菌的脂多糖等激活物先于经典途径激活补体，杀死微生物，发挥了抗感染免疫的功能。

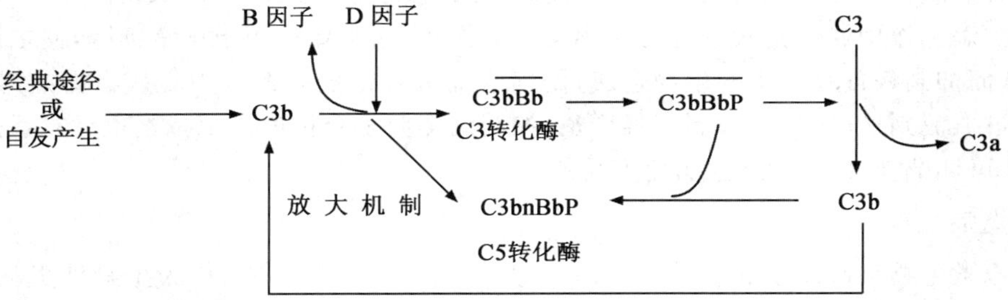

图1-2 补体激活的旁路途径示意图

（4）补体系统的生物学活性

①溶菌、溶细胞作用 补体系统依次被激活后，可使细菌出现不可逆的损伤并最终使菌体细胞发生溶解，起到杀菌、溶菌作用。可被补体破坏的细胞包括红细胞、血小板、革兰氏阴性菌、有囊膜的病毒等，故补体系统的激活可起到杀菌、溶细胞的作用。上述细胞对补体敏感，革兰氏阳性菌对补体不敏感。

②免疫黏附和免疫调理作用 免疫黏附是指抗原抗体复合物结合C3后，能黏附到灵长类、兔、豚鼠、小白鼠、大白鼠、猫、犬和马等的红细胞及血小板表面，然后被吞噬细胞吞噬，起黏附作用的主要是C3b和C4b。

补体的调理作用是通过C3b和C4b实现的。如C3b与免疫复合物及其他异物颗粒结合，同时又以另一个结合部位与带有C3b受体的单核细胞、巨噬细胞或粒细胞结合，C3b成了免疫复合物与吞噬细胞之间的桥梁，使两者互相连接起来，有利于吞噬细胞对免疫复合物及靶细胞进行吞噬并加以清除，此即调理作用。

③趋化作用 补体裂解成分中的C3a、C5a、C567能吸引中性粒细胞到炎症区域，促进吞噬并构成炎症发生的先决条件。

④过敏毒素作用 C3a、C5a、C142等补体片段均能使肥大细胞和嗜碱性粒细胞释放组胺等血管活性物质，引起毛细血管扩张，渗出增强，平滑肌收缩，局部水肿，支气管痉挛。

⑤抗病毒作用　补体成分与致敏病毒颗粒结合后，可显著增强抗体对病毒的灭活作用。此外，补体系统激活后可溶解有囊膜的病毒。

2.溶菌酶

溶菌酶是由巨噬细胞产生的一类低分子量不耐热的碱性蛋白，广泛分布于血清及泪液、唾液、乳汁、鼻液等多种外分泌液体中，能水解革兰氏阳性菌细胞壁的肽聚糖，从而杀伤细菌。革兰氏阴性菌一般不受溶菌酶的影响。若有抗体和补体存在，使革兰氏阴性菌的脂蛋白受到破坏，则溶菌酶也能破坏革兰氏阴性菌的细胞。

3.备解素

备解素又称 P 因子，是正常血清中一种球蛋白，在补体和镁离子存在条件下，具有溶解革兰氏阴性菌的作用。

4.干扰素

干扰素是一种天然的非特异性防御因素，是宿主细胞受病毒或其他干扰素诱导剂刺激后产生的具有抗病毒功能的蛋白质。可释放到细胞外，渗透到邻近细胞而限制病毒向四周扩散，具有广谱抗病毒作用。干扰素本身对病毒无灭活作用，它主要作用于正常细胞，使之产生抗病毒蛋白，从而抑制病毒高分子的生物合成，使这些细胞获得抗病毒能力。病毒血症时，干扰素也可以通过血流到达靶细胞，抑制病毒增殖，控制病毒向全身扩散。干扰素也具有强烈的免疫调节作用，可调节 T、B 淋巴细胞的免疫功能。

(四)炎症反应

当病原微生物突破皮肤和黏膜等防御屏障，侵入机体组织，可以作为生物性炎症因子，刺激被侵入组织细胞释放出大量的炎症介质，引起局部的炎症。炎症反应早期，渗出液呈碱性，炎性细胞以嗜中性粒细胞为主。之后，由于糖酵解的原因，渗出液 pH 下降，巨噬细胞成为主要细胞。

(五)机体的不感受性

机体的不感受性是指某种动物或其组织对该种病原或其毒素没有反应性。例如，给龟皮下注射大量破伤风毒素而不发病，但几个月后取其血液注射到马体内，马却死于破伤风。

三、影响非特异性免疫的重要因素

动物的种属特性、年龄及环境因素都能影响动物机体的非特异性免疫作用。

(一)种属因素

不同种或不同品种甚至不同的动物个体，对病原微生物的易感性和免疫反应性有差异。这些差异决定于动物的遗传因素。例如草食动物对炭疽杆菌十分易感，而家禽对之无感受性。这是因为炭疽杆菌的最适生长温度是 37～39 ℃，而家禽的正常体温高达 41 ℃，不适宜于炭疽杆菌的生长，所以不能致病，这就是由遗传因素造成的差异。

(二)年龄因素

不同年龄的动物对病原微生物的感染性和免疫反应也不同。在自然条件下，有不少传染病仅发生于幼龄动物，例如小鹅瘟、仔猪黄痢、仔猪水肿病等。而猪丹毒主要发生于架子猪，布鲁氏菌病则多见于性成熟的动物。幼龄动物由于血脑屏障尚未健全，故易引起脑炎疾病。老龄动物的器官组织功能及机体的防御能力趋于低下，因此容易发生肿瘤等老年性疾病。

（三）环境因素

自然环境如气候、温度、湿度，对机体免疫力有一定影响，例如寒冷能使呼吸道黏膜的抵抗力下降。营养极度不良，往往使抗体的产生及吞噬细胞的吞噬能力下降。缺乏维生素A，皮肤黏膜易发生感染。因此，注意加强饲养管理和适当运动，可以增强机体的非特异性免疫，明显增强抗病能力。另外，剧痛、创伤、缺氧、饥饿、疲劳等应激状态也能引起机体机能和代谢的改变，从而降低机体的免疫功能。

【复习与思考】

1. 解释下列名词：传染、免疫、非特异性免疫、补体。
2. 试述传染与免疫的关系。
3. 免疫的基本功能是什么？
4. 构成机体非特异性免疫的组成有哪些？
5. 影响动物机体非特异性免疫的因素有哪些？
6. 简述补体的生物学活性。

项目二

免疫系统的认知

【学习目标】

知识目标

◆ 掌握免疫系统的组成。

◆ 掌握中枢免疫器官的组成。

◆ 掌握外周免疫器官的组成。

◆ 了解骨髓中多能干细胞的分化过程。

◆ 了解免疫系统在动物机体中的重要作用。

能力目标

◆ 理解免疫系统的组成及功能。

◆ 明确中枢免疫器官和外周免疫器官在动物机体中的作用。

素质目标

◆ 培养学生辩证分析问题的能力。

◆ 培养学生善于思考、严谨务实的职业素质。

◆ 培养坚定理想信念、爱岗敬业、团结协作的无私奉献精神。

【必备知识】

免疫系统是脊椎动物和人类的防御系统，它是机体长期适应外界环境进化形成的。免疫系统是动物机体执行免疫功能的组织机构，是构成机体特异性免疫的物质基础，由参与免疫反应的器官、组织和细胞组成（图 2-1）。

任务一　免疫器官的认知

免疫器官是免疫细胞发生、分化成熟、定居和增殖以及产生免疫应答的场所，根据其功能不同分为中枢免疫器官和外周免疫器官。

- 免疫系统
  - 免疫器官
    - 中枢免疫器官：骨髓、胸腺、法氏囊
    - 外周免疫器官：脾脏、淋巴结、骨髓、哈德尔氏腺等
  - 免疫细胞
    - 免疫活性细胞：T、B 淋巴细胞
    - 辅佐细胞：单核吞噬细胞系统、树突状细胞等
    - 其他免疫细胞：K 细胞、NK 细胞、粒细胞、红细胞等
  - 免疫效应分子
    - 抗体
    - 补体
    - 细胞因子

图 2-1　免疫系统的组成

一、中枢免疫器官

中枢免疫器官又称初级免疫器官，是免疫细胞发生、分化及成熟的场所，对机体的免疫功能起调控作用。中枢免疫器官包括骨髓、胸腺和法氏囊。

1. 骨髓

骨髓是动物机体最重要的造血器官。动物出生后所有的血细胞均来源于骨髓，同时骨髓也是各种免疫细胞发生和分化的场所。骨髓中的多能干细胞经过增殖和分化，成为髓样干细胞和淋巴样干细胞。前者进一步分化成红细胞系、粒细胞系、单核细胞系等，后者则发育成各种淋巴细胞的前体细胞（图 2-2）。

骨髓功能缺陷时，不仅严重损害造血功能，也将导致免疫缺陷症的发生。

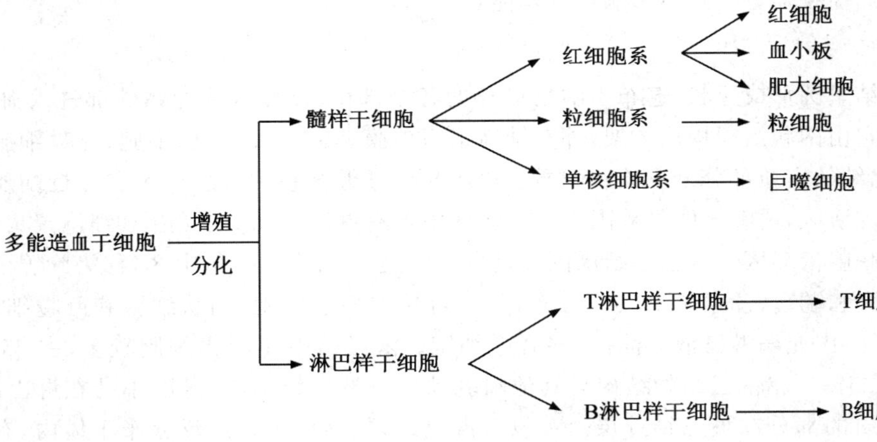

图 2-2　多能造血干细胞的分化

2. 胸腺

哺乳动物的胸腺位于胸腔前部纵隔内，由两叶组成。猪、马、牛、犬、鼠等动物的胸腺可伸展至颈部直达甲状腺。禽类的胸腺沿颈静脉一侧呈多叶排列。胸腺的大小因年龄不同而异，就其与体重的相对大小而言，在初生时最大，而其绝对大小在青春期最大。青春期之后，胸腺的实质萎缩，皮质为脂肪组织所取代，并且随年龄增长而逐渐退化。另外，动物处于应激状态时，可加快胸腺的萎缩。因此，久病死亡的动物，胸腺较小。

胸腺是T细胞分化成熟的场所。胸腺能分泌胸腺素、胸腺生成素等，对T细胞的发育、成熟起着重要的作用。来自骨髓的淋巴干细胞，在胸腺中受胸腺素作用，增殖分化成具有免疫功能的T细胞，大部分经2～3 d便死在胸腺内，只有一小部分变为成熟的T细胞，并离开胸腺到达外周免疫器官，参与细胞免疫。

3. 法氏囊

法氏囊又称腔上囊，是禽类特有的淋巴器官，位于泄殖腔后上方，并有短管与之相连。法氏囊形似樱桃，鸡为球形椭圆状囊，鹅、鸭的法氏囊呈圆筒形囊。

雏鸡1日龄时，法氏囊平均为5 mm×4 mm，重50～80 mg，4～5月龄时体积最大，达3 cm×2 cm×1 cm，重3～4 g，性成熟后逐渐退化萎缩，至10月龄左右基本消失。鸭和鹅的法氏囊退化较晚，7月龄左右开始退化，鸭12个月前后几乎完全消失，鹅的消失更迟。

法氏囊是诱导B细胞分化和成熟的场所。来自骨髓的淋巴细胞在法氏囊内受囊激素的作用，分化、成熟为具有体液免疫功能的B细胞，并随淋巴和血液迁移到外周免疫器官，参与机体的体液免疫。

二、外周免疫器官

外周免疫器官又称次级或二级免疫器官，是成熟的T细胞和B细胞定居、增殖和对抗原刺激进行免疫应答的场所。它包括淋巴结、脾和存在于消化道、呼吸道和泌尿生殖道的淋巴小结等。这类器官或组织富含捕捉和处理抗原的巨噬细胞、树突状细胞等，他们能迅速捕获抗原，并将处理后的抗原信息传递给免疫活性细胞。外周免疫器官持续地存在于整个成年期，切除部分外周免疫器官一般不影响免疫功能。

1. 淋巴结

淋巴结呈圆形或豆状，遍布于淋巴循环的各个部位，以捕获从身体外部进入血液-淋巴液的抗原。它由网状组织构成支架，外有结缔组织包膜，其内充满淋巴细胞、巨噬细胞和树突状细胞，淋巴结的实质部分分皮质和髓质。皮质又分靠近被膜的浅皮质区和靠近髓质的深皮质区又称副皮质区，两者无明显界限。浅皮质区中含有淋巴小结，主要由B细胞聚集而成，因此又称为非胸腺依赖区。淋巴小结周围和副皮质区是T细胞主要集中区，称为胸腺依赖区。髓质分为髓索和髓窦，髓索是B细胞分布区，并可见许多浆细胞、网状细胞和巨噬细胞；髓窦位于髓索之间，内充满淋巴液，含有许多吞噬细胞。淋巴结中T淋巴细胞较多，占75%，B淋巴细胞仅占25%。猪淋巴结的结构与其他哺乳动物的淋巴结不同，淋巴小结在淋巴结的中央，相当于髓质的部分在淋巴结外层。鸡没有淋巴结，但淋巴组织广泛分布于体内，有的为弥散性，如消化道管壁中的淋巴组织；有的为淋巴集结，如盲肠扁桃体等；水禽（鸭、鹅）只有两对淋巴结，即颈胸淋巴结和腰淋巴结。

淋巴结具有以下两方面的免疫功能：

①过滤和清除异物作用　侵入体内的致病菌、毒素或其他有害异物，通常随组织淋巴液进入局部引流淋巴结内，淋巴窦中的巨噬细胞能有效地吞噬和清除细菌等异物，但对病毒和癌细胞的清除能力低。

②产生免疫应答的场所　淋巴结实质中的巨噬细胞和树突状细胞能捕获和处理外来异物性抗原，并将抗原递呈给T细胞和B细胞，使其活化增殖，形成致敏T细胞和浆细胞，使生发

中心增大。因此，细菌等异物侵入机体后，引起淋巴结肿大，与淋巴细胞受抗原刺激后大量增殖有关，是产生免疫应答的表现。

2.脾脏

脾脏是体内最大的免疫器官，是血液通路上最大的过滤器官，具有造血、贮血和免疫双重功能。脾脏外包有被膜，内部的实质分为红髓和白髓两部分。红髓由脾索和脾窦组成，脾索为彼此吻合成网状的淋巴组织索，其中含有大量的网状细胞、B细胞、巨噬细胞以及树突状细胞等；由脾索围成的脾窦充满血液。红髓的功能是生成红细胞、贮存红细胞和捕获抗原。白髓是淋巴细胞聚集之处，主要功能是参与免疫应答，贮血作用很小。脾中的淋巴细胞，35%～50%为T淋巴细胞，50%～65%为B淋巴细胞。

脾主要的免疫功能有：

①血液过滤作用　循环血液通过脾脏时，脾脏中的巨噬细胞可吞噬和清除混入血液的细菌等异物和自身衰老伤残的血细胞等废物。

②滞留淋巴细胞的作用　当抗原进入脾脏或淋巴结后，会引起淋巴细胞的滞留。即正常情况下能在这些器官中自由通过的淋巴细胞，会被滞留而不离去，从而使抗原敏感细胞集中到抗原集聚的部位附近，增进免疫应答的效应。许多免疫佐剂能触发这种滞留，所以滞留作用可能是佐剂作用的原理之一。

③产生免疫应答的重要场所　脾脏内定居着大量淋巴细胞和其他免疫细胞，抗原一旦进入脾脏即可发生T细胞和B细胞的活化和增殖，产生致敏T细胞和浆细胞。脾脏是体内产生抗体的主要器官。

④产生吞噬细胞增强激素　脾脏能产生一种含苏-赖-脯-精氨酸的四肽激素，该物质由美国Tuft大学发现，故名tuftsin(特夫素)，它能增强巨噬细胞及中性粒细胞的吞噬作用。

3.扁桃体

扁桃体是一种重要的外周免疫器官。表面为复层扁平上皮，上皮向内凹陷形成许多隐窝，隐窝周围有许多淋巴小结和弥散淋巴组织，淋巴小结有生发中心存在，其中含有多种浆细胞。

4.哈德尔氏腺

哈德尔氏腺是禽类眼窝内的腺体之一，又称副泪腺、瞬膜腺，位于眼窝中腹部，眼球后中央，呈不规则的带状。其腺泡上皮基底膜下是大量的浆细胞和部分淋巴细胞，能接受抗原刺激分泌特异性抗体，通过泪液带入上呼吸道黏膜分泌物内，成为口腔、上呼吸道的抗体来源之一，在上呼吸道免疫方面起着非常重要的作用。哈德尔氏腺不仅在局部形成坚实的屏障，而且在全身免疫方面还能激发全身免疫系统，协调体液免疫。在雏鸡免疫时，它对疫苗发生的免疫应答不受母源抗体的干扰，对免疫效果的提高起着非常重要的作用。

5.黏膜相关的淋巴组织

又称黏膜免疫系统，是机体与外界相通的腔道黏膜相关的淋巴组织，分布于胃肠道、呼吸道、泌尿生殖道及某些外分泌腺如唾液腺、泪腺及乳腺等处，是构成机体抵抗病原入侵的第一道免疫屏障，局部黏膜的免疫状况是决定动物机体是否被感染的首要因素。

黏膜相关淋巴组织在胎儿期就已开始发育，但在出生时还未发育完全。随着年龄的增长，受骨髓和胸腺的影响以及在抗原的刺激下逐步完善。

黏膜相关淋巴组织包括黏膜下的许多淋巴小结和广泛分布于黏膜固有层及上皮内的弥散

免疫细胞。其中含有丰富的B细胞、T细胞和巨噬细胞，以产生分泌型IgA的B细胞占多数，产生的IgA分布于黏膜表面，参与黏膜免疫应答。

任务二 免疫细胞的认知

体内所有参与免疫应答或与免疫应答有关的细胞统称为免疫细胞。它们种类繁多，功能不同，但彼此之间又相互作用，相互依存。根据它们在免疫应答中的功能及作用机理分为免疫活性细胞、免疫辅佐细胞及与免疫相关的其他细胞三大类。

一、免疫活性细胞

在免疫细胞中，受抗原物质刺激后能分化增殖，并产生特异性免疫应答的细胞为免疫活性细胞，也称为抗原特异性淋巴细胞，主要指T细胞和B细胞，在免疫应答中起核心作用。

(一)T、B细胞的发生与分布

来源于骨髓的淋巴干细胞进入胸腺和腔上囊在胸腺素和囊激素的作用下，分别分化增殖为T细胞与B细胞。然后，成熟的T细胞与B细胞经血液迁移到外周免疫器官并分别定居于相应的区域。T细胞与B细胞除主要存在于外周免疫器官外，也分布于血循环及其他组织和器官中。

(二)T、B细胞的表面标记

T细胞和B细胞有许多不同的表面标记。表面标记是细胞在分化成熟过程中形成的某种特殊的细胞膜蛋白质，不同的表面标记其蛋白质分子结构也不同。它与细胞的功能有关，也是区别T细胞和B细胞及其亚群的主要依据。

1.抗原受体

即能与抗原特异性结合的受体，亦即B细胞膜表面免疫球蛋白SmIg，是B细胞的重要标记，具有重要的功能。只有当抗原物质与SmIg特异性结合后，才能引起B细胞产生免疫反应。每一个B细胞表面有10^4～10^5个相同的SmIg，只能与同一种类型的抗原相结合，所以一个B细胞只能识别一种抗原，产生一种抗体，具有高度的特异性。一个成熟小鼠的脾脏，含有约2×10^8个B细胞，至少能与10^7种不同的抗原起反应。

T细胞表面也具有与抗原特异性结合的受体，但其本质未完全弄清楚。

2.绵羊红细胞受体

一些动物和人类的T细胞具有能与他种动物红细胞结合的受体，称E受体。当人类T细胞与绵羊红细胞一起混合时，在一定条件下，可见红细胞围绕T细胞形成玫瑰花状的细胞团，称E玫瑰花环。E玫瑰花环试验是鉴别T细胞及其活性的常用方法。

(三)T、B细胞的亚群及其功能

T细胞与B细胞都不是一个均一的群体，而是由具有不同表面标记和免疫功能的亚群所组成。

1.T细胞的亚群及功能

根据T细胞在免疫应答中的功能不同，将T细胞分为以下不同亚群：

(1)杀伤性T细胞(Tc细胞) 又称细胞毒性T细胞,对靶细胞(即被攻击的细胞,包括细菌、异种细胞、微生物感染的细胞、自身的异常细胞及肿瘤细胞等)具有很强的杀伤能力,具有高度特异性。

(2)辅助性T细胞(Th细胞) 具有协助B细胞分化和合成抗体的功能。

(3)抑制性T细胞(Ts细胞) 具有抑制和调节体液免疫与细胞免疫的功能。

(4)免疫记忆T细胞(Tm细胞) 具有保存免疫信息的功能。

(5)迟发型变态反应T细胞(T_D) 介导迟发型变态反应。能分泌多种细胞因子,作用于单核巨噬细胞、淋巴细胞和粒细胞,引起单核细胞浸润为主的炎症反应,发挥清除抗原的功能。

2. B细胞的亚群及功能

根据B细胞产生抗体时是否需要Th细胞的协助,可将B细胞分为B1和B2两个亚群:

(1)B1为T细胞非依赖性细胞,在接受非胸腺依赖性抗原刺激后活化增殖,产生抗体时不需Th细胞的协助,只产生IgM,不表现再次应答,易形成免疫耐受。

(2)B2为T细胞依赖性细胞,在接受胸腺依赖性抗原刺激后发生免疫应答,必须在Th细胞的协助下才能产生抗体,可产生IgM和IgG,有再次应答,不易形成免疫耐受。

二、免疫辅佐细胞

T细胞和B细胞是免疫应答的主要承担者,但免疫应答的完成尚需体内的巨噬细胞、树突状细胞等对抗原进行捕捉、加工和处理,这些细胞称为免疫辅佐细胞。由于辅佐细胞在免疫应答中能将抗原递呈给免疫活性细胞,因此又称为抗原递呈细胞(antigen presenting cell,APC)。

(一)单核吞噬细胞系统

主要包括血液中的单核细胞和组织中的巨噬细胞。单核细胞在骨髓中分化成熟后进入血液,在血液中停留数小时至数月后,经血液循环分布到全身多种组织器官中,分化成熟为巨噬细胞。巨噬细胞寿命较长,具有较强的吞噬功能。定居在不同组织中的巨噬细胞有不同的名称(表2-1)。

组织中的巨噬细胞比血液中的单核细胞含有更多的溶酶体和线粒体,具有更强大的吞噬功能。

单核巨噬细胞具有多种免疫功能:

1. 吞噬和杀灭作用

巨噬细胞可吞噬消化异物、杀灭多种病原微生物,并吞噬处理机体自身衰老死亡的组织细胞,是机体非特异性免疫的重要因素。而结合有抗体(IgG)和补体(C_{3b})的抗原性物质更易被巨噬细胞吞噬。巨噬细胞可在抗体存在下发挥抗体依赖性细胞介导的细胞毒性作用(简称ADCC作用)。巨噬细胞也是细胞免疫的效应细胞,经淋巴因子如γ干扰素激活的巨噬细胞能更有效地杀伤细胞内寄生菌和肿瘤细胞。

2. 抗原递呈作用

单核巨噬细胞又是重要的抗原递呈细胞,抗原性异物被吞噬后,在细胞内被消化加工,其中大部分异物被降解,许多具有抗原决定簇的小肽片段被移至细胞膜表面;呈现在细胞膜表面的抗原成分以一定的方式递呈给免疫活性细胞。因此,巨噬细胞是免疫应答中不可缺少的免疫细胞。

3.合成和分泌各种活性因子

巨噬细胞能合成和分泌50余种生物活性物质，如许多酶类（中性蛋白酶、酸性水解酶、溶菌酶）；白细胞介素-1、干扰素和前列腺素；血浆蛋白和各种补体成分等。还具有重要的免疫调节作用，能分泌多种细胞因子，对机体的免疫应答起着重要的调节作用。

单核巨噬细胞是启动和调节免疫反应的细胞，可以这么说，特异性免疫反应主要是由单核巨噬细胞、T细胞和B细胞共同参与的对抗原刺激的免疫反应过程。

表2-1 正常组织中的单核巨噬细胞

（杨汉春，2003，动物免疫学）

细胞名称	存在部位	细胞名称	存在部位
多能干细胞	骨髓	肺泡巨噬细胞	肺
单核细胞	骨髓和血液	破骨细胞	骨
巨噬细胞	淋巴结、脾、腹水	小胶质细胞	神经组织
组织细胞	结缔组织	组织细胞及郎格罕细胞	皮肤
枯否(Kupffer)细胞	肝	滑膜A型细胞	关节

(二)树突状细胞

树突状细胞，简称D细胞。是一组非淋巴样单核细胞，因其成熟时细胞伸出伪足状或树枝样突起而得名。来源于骨髓和脾脏的红髓，广泛分布于机体各处的淋巴组织以及除脑之外的结缔组织和上皮组织。D细胞内无溶酶体和吞噬体，故无吞噬能力。D细胞的主要功能是递呈不需细胞处理的抗原，尤其是可溶性抗原，能将具有进入D细胞能力的病毒抗原、细菌内毒素抗原等递呈给免疫活性细胞。D细胞是体内递呈抗原功能最强的专职APC。

此外，B细胞、红细胞等也具有抗原递呈作用。

三、其他细胞

1.K细胞

K细胞又称杀伤细胞，是一种直接来源于骨髓的淋巴细胞。K细胞单独不能杀伤靶细胞，只能杀伤与特异性抗体(IgG)结合的靶细胞。这种杀伤作用简称ADCC作用（抗体依赖性细胞介导的细胞毒性作用）。K细胞能杀伤肿瘤细胞、受微生物或寄生虫感染的细胞等。

2.NK细胞

NK细胞又称自然杀伤细胞，也是一种来源于骨髓能直接杀伤靶细胞的淋巴细胞。NK细胞只需与靶细胞接触即可引起靶细胞溶解，而不需要抗体参与。NK细胞能杀伤K细胞所能杀伤的细胞。

3.粒细胞

细胞质中含有颗粒的白细胞统称粒细胞。可分为嗜中性、嗜酸性和嗜碱性粒细胞。其中嗜中性粒细胞在防御感染中起重要作用，同时，分泌炎症介质，促进炎症反应，还可处理颗粒性抗原提供给巨噬细胞。嗜碱性粒细胞主要参与Ⅰ型变态反应，该细胞中具有大量的嗜碱性颗粒，内含组织胺等血管活性物质，细胞膜上存在着 IgE Fc 受体，能结合 IgE。结合在细胞上的 IgE 与相应的抗原结合后，引起细胞脱颗粒，释放血管活性物质，引起过敏反应。在消化道蠕虫感染中该过敏反应对虫体的排出起重要作用。分布于外周淋巴组织、皮肤结缔组织及小血管周围、小肠黏膜下组织等处的肥大细胞，具有和嗜碱性粒细胞类似的作用。嗜酸性粒细胞的细胞颗粒中含有多种酶，尤其富含过氧化物酶，该细胞具有吞噬杀菌能力，并具有抗寄生虫的作用，寄生虫感染时往往嗜酸性粒细胞增多。

4. 红细胞

红细胞的免疫功能表现为识别抗原、清除体内免疫复合物、增强吞噬细胞的吞噬功能、递呈抗原物质和免疫调节等功能。

四、免疫效应分子

免疫效应分子包括抗体、细胞因子和补体。其中抗体和细胞因子将在后续项目中讲述，补体的内容已在非特异性免疫中讲过。

【操作训练】

技能一　外周血单个核细胞分离

【目的要求】以绵羊血为例，掌握绵羊外周血单个核细胞分离的方法。

【仪器及材料】肝素溶液(500 U/mL)、羊外周血单个核细胞分层液(Ficoll 分层液，相对密度 1.077±0.001)、PBS(pH 7.2)溶液、0.5%台盼蓝染液、注射器、离心管、试管、吸管、离心机、显微镜等。

【方法与步骤】

一、方法简介

绵羊外周血单个核细胞分离的常用方法之一是葡聚糖-泛影葡胺密度梯度离心法。在试管中，将血液重叠于淋巴细胞分层液(密度 1.077 g/L)之上离心，由于红细胞(密度 1.092 g/L)、多核形白细胞(密度 1.090 g/L)、淋巴细胞(密度 1.070 g/L)的密度不同而相互分开。从顶部到底部可分为 4 层：血浆、单个核细胞、分层液、多核形白细胞及红细胞(图 2-3)。通过分离淋巴细胞，供体外检测淋巴细胞的数量和功能。

二、操作方法

(1)采集羊颈静脉血 2 mL 注入盛有 0.1 mL 肝素的试管中，混匀。

(2)加入 2 mL 的 PBS 溶液。

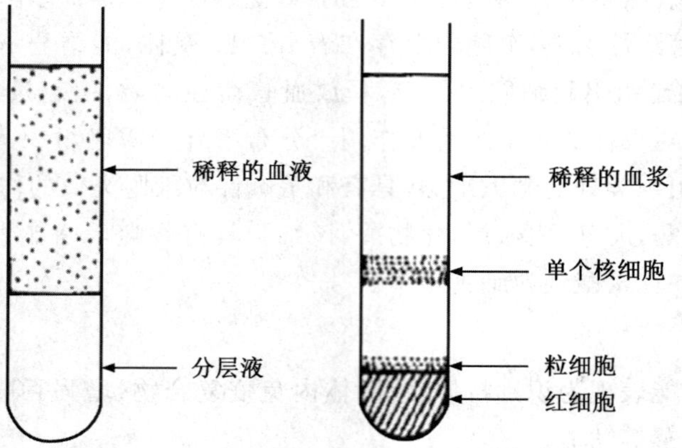

图 2-3　Ficoll 分层液离心后外周血细胞分离

(3)取羊淋巴细胞分层液 2 mL 加入离心管中,再将稀释血液小心缓慢地加在淋巴细胞分层液上,注意保持两界面清晰。

(4)室温下,2 000 r/min,离心 20 min。

(5)用吸管轻轻洗出单个核细胞层,加入含有 5 mL PBS 溶液的试管中,混匀。

(6)1 500 r/min,离心 10 min,弃去上清后,再洗一次。

(7)弃上清,用 PBS 重悬细胞。取一滴细胞悬液与一滴 0.2%台盼蓝染液混合,于血球计数板上,计数四个大方格内的细胞总数。

$$\text{单个核细胞浓度(细胞数/mL 细胞悬液)} = \frac{\text{4 个大方格内细胞总数}}{4} \times 10^4 \times \text{稀释倍数}$$

(8)镜检时,死的细胞可被染成蓝色,活细胞不着色。计数 200 个淋巴细胞。计算出活细胞百分率。

$$\text{活细胞百分率} = \frac{\text{活细胞数}}{\text{总细胞数}} \times 100\%$$

(9)该方法分离出的细胞中,单个核细胞应占 90%以上,细胞存活率应大于 95%。

三、注意事项

(1)抽取动物外周静脉血时要注意无菌操作。

(2)操作全程应尽可能在短时间内完成,最好不超过 4 h,以免增加死细胞数。

(3)加血于分层液上一定要轻缓,避免破坏界面。

(4)用淋巴细胞分离液分离 PBMC 时,离心机转速的增加和减少要均匀、平稳,使稀释血液与淋巴细胞分层液之间保持清晰的界面。

(5)若收集的单个核细胞要用于后续试验,则需要用 RPMI-1640 细胞培养液进行保存。

四、任务实施

本试验分组进行,学生 5 人组成一个工作小组,教师发放工作任务单(表 2-2)。

表 2-2　绵羊外周血单个核细胞分离工作任务单

组别		成员姓名及学号	
实训日期		实训地点	
是否提交实验实施计划	□是　　　□否		
实验报告提交时间	年　　月　　日		
1. 实验目的			
2. 实验原理			
3. 实验步骤			
4. 思考及建议			
5. 工作记录			

【考核内容与评价】(表 2-3)

表 2-3　考核内容与评价　　检查日期：　　年　　月　　日

任务	考核内容	标准分值	考核记录	得分
绵羊外周血单个核细胞分离	活苗稀释	10 分		
	照胚	10 分		
	选择接种部位	20 分		
	无菌接种	25 分		
	检胚	10 分		
	尿囊液收获	15 分		
	操作熟练程度(熟练、一般、不熟练)	10 分		
合计		100 分		

技能二　淋巴细胞转化试验

【目的要求】掌握淋巴细胞转化试验的方法。

【仪器及材料】肝素抗凝血、RPMI-1640 完全细胞培养液、植物血凝素（PHA）、吉姆萨-瑞氏染液、无菌青霉素小瓶、注射器、离心管、试管、吸管、离心机、显微镜、恒温培养箱等。

【方法与步骤】

一、方法简介

T 淋巴细胞在体外培养时，当受到丝裂原（如 PHA）或特异性抗原刺激时，可转化为淋巴母细胞（图 2-4）。检测方法有形态学计数法、MTT 比色法等。本试验采用形态学计数法在体外检测机体细胞的免疫功能。

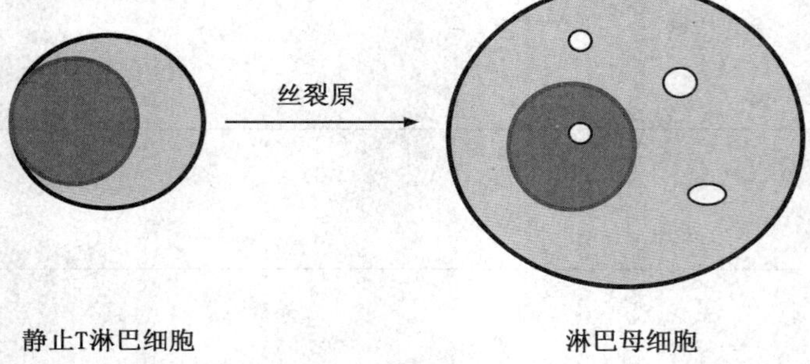

图 2-4　淋巴细胞的转化

二、操作方法

(1)无菌采集肝素抗凝血 0.3 mL 加入盛有 2.7 mL 细胞培养液的无菌青霉素小瓶中。

(2)加入 1 mg/mL 的 PHA 0.15 mL(终浓度为 50 μg/mL)。

(3)置 37 ℃恒温培养箱培养 72 h，每天轻摇 2 次。

(4)终止培养后，将培养物摇匀并移入离心管中，以 1 000 r/min 转速离心 10 min。

(5)弃上清，取沉淀细胞推片。干燥后用甲醇固定 3～5 min，加吉姆萨-瑞氏染液染 1～2 min，再加等量双蒸水染 15～20 min。水洗、印干、镜检。

(6)油镜下可观察到转化的淋巴细胞(淋巴母细胞)体积增大，核质疏松，可见核仁、胞质丰富并形成空泡。

(7)结果判定　计数 200 个淋巴细胞，按公式求出转化率。

淋巴细胞转化率 =（转化的淋巴细胞数 ÷ 200）× 100%

淋巴细胞转化率正常值范围约 70%。

三、注意事项

(1)试验全过程均应无菌操作。
(2)血液与细胞培养液的比例应控制在(1∶10)～(1∶30)。
(3)细胞培养液 pH 为 7.2～7.4,偏酸或偏碱影响细胞生长和转化。
(4)PHA 的浓度以每毫升细胞培养液中加入 50 μg 为宜。

四、任务实施

本试验分组进行,学生 5 人组成一个工作小组,教师发放工作任务单(表 2-4)。

表 2-4　淋巴细胞转化试验工作任务单

组别		成员姓名及学号	
实训日期		实训地点	
是否提交实验实施计划	□是　　　□否		
实验报告提交时间	年　　月　　日		
1. 实验目的			
2. 实验原理			
3. 实验步骤			
4. 思考及建议			
5. 工作记录			

【考核内容与评价】(表 2-5)

表 2-5　考核内容与评价　　检查日期：　年　月　日

任务	考核内容	标准分值	考核记录	得分
淋巴细胞转化试验	无菌采血	10 分		
	PHA 的加入量计算	10 分		
	细胞培养	20 分		
	细胞培养液的离心处理	25 分		
	细胞推片	10 分		
	固定及染色	15 分		
	操作熟练程度 (熟练、一般、不熟练)	10 分		
合计		100 分		

【复习与思考】

1. 解释下列名词：中枢免疫器官、外周免疫器官、免疫细胞、免疫活性细胞、抗原递呈细胞。
2. 动物的免疫系统是由哪些方面组成的?
3. 中枢免疫器官包括哪些？在机体中有什么功能?
4. 外周免疫器官包括哪些？在机体中有什么功能?
5. T 细胞包括哪些亚群?
6. 免疫细胞中有哪些细胞具有抗原递呈作用?

项目三

抗原的认知

【学习目标】

知识目标

◆ 掌握抗原的概念。

◆ 掌握构成抗原的基本条件。

◆ 掌握抗原决定簇在抗原中的作用。

◆ 了解抗原的分类情况。

◆ 了解共同抗原与交叉反应的临床意义。

能力目标

◆ 能正确判断自然界的抗原物质。

◆ 能认识兽医临床上的重要微生物抗原。

素质目标

◆ 培养学生辩证思维的能力。

◆ 培养学生善于思考、严谨务实的职业素质。

◆ 培养坚定理想信念、爱岗敬业、团结协作的无私奉献精神。

【必备知识】

任务一　抗原基础知识的认知

一、抗原的概念

凡能刺激机体产生抗体或致敏淋巴细胞，并能与之发生特异性结合的物质称为抗原(antigen,Ag)。抗原刺激机体产生抗体或致敏淋巴细胞的特性称为免疫原性，与相应抗体或致敏淋巴细胞发生特异性结合反应的特性称为反应原性。二者结合在一起就称为抗原性。

只有反应原性而无免疫原性的物质，称为半抗原。

二、构成抗原的条件

(一)异物性

异物性又称异源性。在正常情况下,动物机体能识别自身物质与非自身物质,只有非自身物质进入机体内才能具有免疫原性。异物性包括以下几种情况:

1.异种物质

如异种动物之间的组织、细胞及蛋白质均是良好的抗原。通常动物之间的亲缘关系相距越远,生物种系差异越大,免疫原性越好。比如,用牛的血清蛋白注射家兔,就会产生强烈的免疫应答,而注射山羊时的免疫原性就比注射家兔时要弱,因为山羊与牛的种属关系更为接近。

2.同种异体物质

同种动物不同个体之间的某些组织成分的结构也有一定的差异,因此也具有一定的抗原性。如血型抗原、组织移植抗原等。

3.自身抗原

动物自身组织细胞通常情况下不具有免疫原性,但在下列情况下可显示出免疫原性成为自身抗原。

(1)组织蛋白的结构发生改变　如机体组织受烧伤、感染、药物及电离辐射等作用时,会使原有的结构发生改变从而成为自身抗原。

(2)机体的免疫识别功能紊乱　此时会将自身组织视为异物,从而导致自身免疫病。如初生幼畜溶血症、系统性红斑狼疮、风湿性关节炎等。

(3)某些组织成分进入血液循环系统　如眼球晶状体蛋白、精子蛋白、甲状腺球蛋白等,与免疫系统缺少接触,一旦因外伤、感染等原因使之释放进入血液循环系统,会被免疫系统视为“非己”物质,成为自身抗原,称此类物质为隐蔽的自身抗原。

(二)分子大小

抗原物质的免疫原性与分子量大小有直接的关系,免疫原性良好的抗原物质相对分子质量一般都在 10 000 以上,相对分子质量小于 5 000 的物质其免疫原性较弱,相对分子质量在 1 000 以下的物质没有免疫原性。在一定条件下,相对分子质量越大,抗原性越强。蛋白质因其相对分子质量较大,多是良好的抗原,如细菌、病毒、外毒素、异种动物的血清都是抗原性很强的物质。

(三)化学组成和分子结构的复杂性

抗原物质除了要求具有一定的相对分子质量外,还需要具备分子结构与立体构象的复杂性。如果相对分子质量大小相同,而分子结构与立体构象不同的分子,其免疫原性也有一定的差异。一般而言,分子结构及立体构象越复杂的物质免疫原性越强,例如含芳香族氨基酸的蛋白质比只含非芳香族氨基酸的蛋白质免疫原性强,明胶的相对分子质量可达 100 000 万以上,但因其肽链主要由直链氨基酸组成,进入体内不稳定,易被酶分解,故免疫原性差,若将苯丙氨酸、酪氨酸等芳香族氨基酸连接到明胶上,可使其免疫原性大大增强。

(四)物理状态

抗原免疫原性的强弱也与抗原物质的物理性状有关。如球形蛋白质分子的免疫原性比纤维形蛋白质分子强；聚合状态的蛋白质较单体状态的蛋白质免疫原性强；颗粒性抗原的免疫原性通常比可溶性抗原强。因此，将可溶性抗原分子聚合后或吸附在载体颗粒表面可增强其免疫原性。例如将甲状腺球蛋白与聚丙烯酰胺颗粒结合后免疫家兔，可使 IgM 的效价提高 20 倍。免疫原性弱的蛋白质如果吸附在氢氧化铝胶、脂质体等大分子颗粒上，可增强其抗原性。

三、抗原决定簇

1. 抗原决定簇的概念

抗原抗体反应最主要的特点是具有高度的特异性，而抗原特异性的物质基础是抗原分子中的抗原决定簇（AD）（图 3-1）。抗原决定簇是指抗原分子表面具有特殊立体构型和免疫活性的化学基团。由于抗原决定簇通常位于抗原分子表面，因而又称为抗原表位。抗原决定簇决定抗原的特异性，可与抗体发生特异性结合。如小鹅瘟病毒刺激机体产生的抗体，只能与小鹅瘟病毒相结合，而不能与流感病毒相结合，就是由于小鹅瘟病毒的抗原决定簇与流感病毒的不同所致。

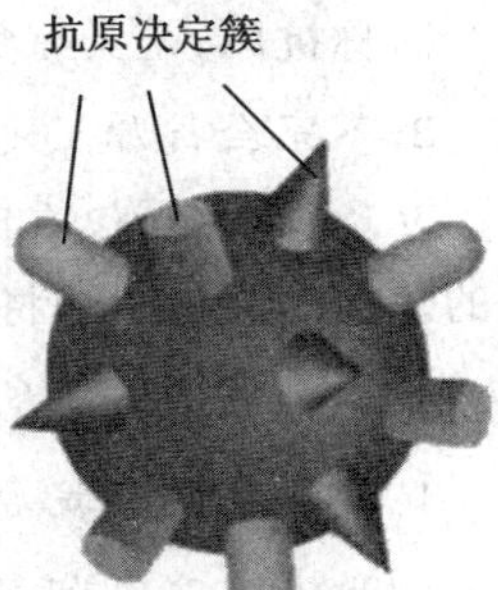

图 3-1　抗原决定簇

2. 抗原决定簇的大小与数量

抗原决定簇的大小是相对恒定的，通常蛋白质分子抗原的每个决定簇由 5～7 个氨基酸残基组成，多糖抗原由 5～6 个单糖残基组成，核酸抗原的决定簇由 5～8 个核苷酸残基组成。

抗原分子抗原决定簇的数目称为抗原的抗原价。含有多个抗原决定簇的抗原称为多价抗原，大部分抗原都属于这类抗原，如天然蛋白质分子；只有一个抗原决定簇的抗原称为单价抗原，如简单半抗原。根据抗原决定簇特异性的不同，又有单特异性抗原决定簇（即只有一种特异性的决定簇）和多特异性抗原决定簇（即含有两种以上不同特异性的决定簇）之分。天然抗原一般都为多价和多特异性决定簇抗原。

四、共同抗原与交叉反应

自然界中存在着无数的抗原物质，不同抗原物质之间难免有相同或相似的抗原组成或结构，也可能存在共同的抗原决定簇，这些共有的抗原组成或决定簇称为共同抗原（图 3-2）；种属相关的生物之间的共同抗原又称类属抗原。如果两种不同的抗原物质之间存在相同的抗原组成或决定簇，则一种抗原可以与另一种抗原物质刺激机体产生的抗体之间相互发生结合反应，称交叉反应或类属反应。例如牛冠状病毒和鼠肝炎病毒之间、猫传染性腹膜炎与猪传染性胃肠炎病毒之间有相同的抗原组成，相互间可发生交叉反应。

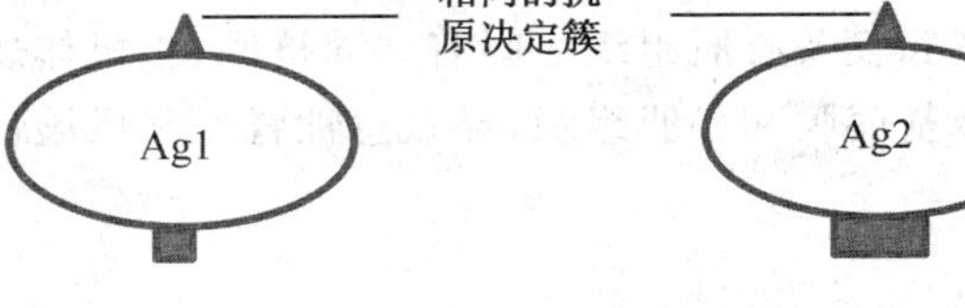

Ag1 与 Ag2 具有共同的抗原决定簇，互为共同抗原

图 3-2　共同抗原

任务二 抗原分类的认知

一、抗原的分类

(一)根据抗原的性质分类

1. 完全抗原

简称抗原,是具有免疫原性与反应原性的物质。大多数蛋白质都是良好的完全抗原。

2. 不完全抗原

又称半抗原,仅有反应原性而无免疫原性的物质,如大多数多糖、所有的类脂以及某些简单的化学药品等。如将不完全抗原与蛋白质(载体)结合,则可成为完全抗原。

(二)根据对胸腺(T 细胞)的依赖性分类

1. 胸腺依赖性抗原(TD 抗原)

刺激机体 B 细胞产生抗体的过程中需要 T 细胞协助,这种抗原称为胸腺或 T 细胞依赖性抗原。绝大多数抗原都属此类,如异种组织、细胞、蛋白质、微生物以及半抗原—载体复合物等。

2. 非胸腺依赖性抗原(TI 抗原)

不需要 T 细胞协助就能直接刺激 B 细胞产生抗体,如细菌的脂多糖等。

(三)根据抗原的来源分类

1. 外源性抗原

泛指由抗原递呈细胞从外部摄取的蛋白质抗原、多糖抗原和糖脂类抗原等。此类抗原是由抗原递呈细胞吞噬、捕获或与 B 细胞特异性结合后,进入细胞内的抗原。

2. 内源性抗原

在抗原递呈细胞内合成的抗原为内源性抗原,如胞内菌或病毒感染细胞所合成的细菌抗原、病毒抗原,肿瘤细胞合成的肿瘤抗原。

3. 异嗜性抗原

是指一类与种属特异性无关的,存在于人、动物和微生物之间的共同抗原。异嗜性抗原是引起某些免疫病理现象的物质基础。在临床上,由于某些细菌与人和动物的组织细胞有共同的抗原成分,可引起机体产生变态反应,从而造成病理损伤。例如,溶血性链球菌的某些抗原成分与人和动物的肾小球基底膜及心肌组织之间有共同抗原,当机体反复感染链球菌后,产生的相应抗体可以损伤肾小球基底膜和心肌组织,导致急性肾炎和风湿性心脏病。

二、重要的天然抗原

(一)细菌抗原

细菌的抗原结构比较复杂,细菌的不同结构都有多种抗原成分,因此细菌是多种抗原成分构成的复合体。细菌抗原主要包括菌体抗原、鞭毛抗原和荚膜抗原等。

1. 菌体抗原(O 抗原)

菌体抗原主要指革兰氏阴性菌细胞壁的脂多糖(LPS)抗原。菌体抗原比较耐热,不易被乙醇破坏,一般认为与毒力有关。

2. 鞭毛抗原(H 抗原)

鞭毛抗原主要指构成鞭毛的蛋白质抗原,鞭毛抗原不耐热,易被乙醇破坏,与毒力无关。因鞭毛抗原的特异性较强,用其制备抗鞭毛因子血清,可用于沙门菌和大肠杆菌的免疫诊断。

3. 荚膜抗原(K 抗原)

荚膜抗原是有荚膜细菌主要的表面抗原。大部分细菌为荚膜多糖,少数细菌为荚膜多肽。各种细菌的荚膜多糖都有差异,同种不同型之间多糖侧链也有差异。

4. 菌毛抗原

许多革兰氏阴性菌和少数革兰氏阳性菌具有菌毛抗原,菌毛由菌毛素组成,有很强的抗原性。

(二)病毒抗原

各种病毒结构不一,其抗原成分也各异,主要有囊膜抗原、衣壳抗原、核蛋白抗原等。

1. 囊膜抗原(V 抗原)

有囊膜的病毒其抗原特异性主要是由囊膜上的纤突决定的。V 抗原具有型和亚型的特异性。如流感病毒囊膜上的血凝素(HA)和神经氨酸酶(NA)都是 V 抗原,具有很高的特异性,是流感病毒亚型的分类基础。

2. 衣壳抗原(VC 抗原)

无囊膜的病毒,其抗原特异性决定于颗粒表面的衣壳结构蛋白。如口蹄疫病毒的结构蛋白 VP1、VP2、VP3 和 VP4 等。

3. 可溶性抗原

通常在病毒感染的早期出现,不具有致病性,但是能引起免疫应答。

(三)毒素抗原

细菌的外毒素由糖蛋白或蛋白质构成,具有很强的抗原性,细菌外毒素经甲醛或其他适宜方法处理后,失去毒性而保留免疫原性,称为类毒素。类毒素可刺激机体产生抗毒素,因此可用于预防接种。

(四)真菌抗原

真菌的细胞壁抗原主要由壳多糖和脂多糖等成分组成。浅部真菌感染后一般无显著的免疫性,深部真菌感染可能产生一定程度的免疫性。

(五)寄生虫抗原

寄生虫抗原的化学成分包括多肽、蛋白质、糖蛋白、脂蛋白及多糖。在同一虫种的不同发育时期,可存在共同抗原和特异性抗原,在不同虫种之间以及寄生虫与宿主之间也可能存在共同抗原,因此,一般很少用抗原性进行分类鉴定。

(六)异种动物血清

异种动物血清也是一种完全抗原，具有很强的抗原性。临床上用异种动物血清治疗时，机体一方面立即获得被动免疫力，另一方面可以对该种血清产生抗体，反复应用不仅降低免疫血清预防或治疗效果，而且常可引起变态反应。

(七)血型抗原

红细胞膜上的同种异型表面抗原称为血型抗原。大多数血型抗原是糖蛋白，由黏多糖和黏蛋白等复合蛋白质构成，其抗原特异性决定于多糖的侧链。主要的糖为 *D*-半乳糖、*L*-岩藻糖、*N*-乙酰基-*D*-氨基半乳糖等。根据这些糖蛋白多糖侧链的不同，可以将动物红细胞分为多个血型，这种血型特异性抗原又称为血型因子。

血型抗原有两种存在形式，一种是与类脂细胞膜结合的形式，一种是水溶性的分泌形式。大多数血型抗原与细胞膜结合，为细胞膜的组成部分，也有个别血型抗原游离存在于血清或其他体液内，但能被动地吸附于红细胞表面，例如牛的 J 抗原、绵羊的 R 抗原和猪的 A、O 抗原等。一个红细胞表面可以有许多不同的血型抗原，其表型为基因所控制。血型抗原一般不受环境变化和疾病的影响，而按孟德尔遗传规律传给后代。

到目前为止，已发现的畜禽血型系统，牛有 12 个系统 80 多个血型，猪有 15 个系统，马有 7 个系统，羊有 7 个系统，鸡有 10 个系统，各有 100 多个血型。

血型抗体可以是天然存在于同种动物体内的血型抗体，也可以是将红细胞(抗原)免疫同种或异种动物，并经吸收后制成的因子血清。

三、免疫佐剂

(一)概念

免疫佐剂简称佐剂，即非特异性免疫增强剂，指那些同抗原一起或预先注入机体内能增强机体对抗原的免疫应答能力或改变免疫应答类型的辅助物质。佐剂单独使用时一般没有免疫原性，与抗原物质合并使用时，能增强抗原物质的免疫原性、增强机体的免疫应答或者改变机体免疫应答类型。

灭活苗、类毒素、微生物亚单位苗、基因工程苗及合成肽苗等，免疫原性较差，必须在其中加入佐剂，以增强其免疫原性。常用的灭活苗均含有油佐剂或氢氧化铝胶佐剂。

但是佐剂的选择应同时考虑其免疫增强作用和安全性。世界卫生组织及一些专家认为，生物制品的佐剂，应符合以下条件：①无致癌性和辅助致癌作用；②无毒性；③吸附力强、易于吸收；④不含与机体有交叉免疫反应的物质，本身不引起机体的超敏反应，也不会与机体自身物质结合引起不良反应导致损伤；⑤能经 1～2 年保存不变质、不明显降低效力、不出现不良反应。此外，作为佐剂的物质应为化学纯。

(二)作用机理

免疫佐剂的机制尚不完全清楚，可能的机制有：

(1)改变抗原物理性状，延长抗原在机体内的存在时间和保持对免疫系统的持续激活作用。某些佐剂可以吸附许多抗原使抗原表面积明显提高，特别是可溶性抗原或半抗原，经胶体颗粒吸附后，表面积增加，抗原性加强，所产生的抗体滴度明显提高。佐剂中的矿物油成分主要起缓释作用，有利于抗原在体内缓慢释放，延缓抗原在体内降解，从而更有效地刺激免疫系统。

(2)使抗原易被巨噬细胞吞噬，刺激单核吞噬细胞系统，增强其对抗原的处理和呈递抗原的能力。

(3)促进淋巴细胞的增殖、分化，从而扩大和增强机体的免疫应答效应。

(三)分类

常用的有铝盐类佐剂和油乳佐剂，此外还有一些新型的免疫佐剂。佐剂在人工免疫中得到了广泛应用，除可增强弱抗原性物质的抗原性外，还可通过加入佐剂减少抗原用量和接种次数，增强抗原所激发的抗体应答。

1.无机佐剂

如磷酸铝、氢氧化铝、明矾等。在抗原免疫动物前，无机佐剂与抗原混匀，便可形成大量的氢氧化铝絮状沉淀，抗原被吸附于沉淀中形成聚集状的颗粒抗原。抗原物理状态的改变有利于它在外周淋巴器官(如淋巴结、脾脏)内的滞留，也有利于巨噬细胞的吞噬，故免疫原性有所提高。

2.有机佐剂

(1)微生物及其代谢产物佐剂　某些杀死的菌体及其成分、代谢产物等均可起到佐剂作用，如革兰氏阴性菌脂多糖(LPS)、分支杆菌及其组成成分、革兰氏阳性菌的脂磷壁酸(LTA)、短小棒状杆菌和酵母菌的细胞壁成分、白色念珠菌提取物、细菌的蛋白毒素(如霍乱毒素、百日咳杆菌毒素及破伤风毒素)等。它们在体内可促使巨噬细胞的增殖，并进而促使 T 细胞增殖和 B 细胞的抗体生成。

(2)核酸及其类似物佐剂　一些微生物中的核酸成分(如非甲基化的 CpG 序列)可起到佐剂作用。

(3)细胞因子佐剂　多种细胞因子如白细胞介素-1、白细胞介素-2、干扰素-γ 等都具有佐剂作用，可提高和增强疫苗的效果。

(4)蜂胶佐剂　蜂胶是蜜蜂采自植物幼芽分泌的树脂，并混入蜜蜂上颚腺分泌物，以及蜂蜡、花粉及其他一些有机与无机物的一种天然物质。

(5))脂质体　是磷脂和其他极性两性分子以双层脂膜构型形成的密闭的、向心性囊泡，它对与其结合或偶联的蛋白或多肽抗原具有免疫佐剂作用。

3.复合佐剂

如弗氏佐剂、矿物油、植物油、花生油乳化佐剂等多种。Freund 最初将羊毛脂与液体石蜡按一定比例(1∶2)～(1∶9)混合后，加入抗原研磨成油包水的乳剂，免疫动物后效果好，可产生持久的抗体。因此以研究者的名字 Freund 命名为弗氏不完全佐剂(Freund’s incomplete adjuvant，FIA)。如在弗氏不完全佐剂中再加入灭活的人结核菌或卡介苗(浓度为 0.2～1.0 mg/mL)，则称其为弗氏完全佐剂(Freund’s complete adjuvant，FCA)。分歧杆菌的加入，诱导的免疫应答会发生质的变化，在提高了抗原免疫原性的同时，还改变了产生的抗体类型并且促进迟发型超敏反应的出现或加强。

4.其他佐剂

硝酸纤维膜和聚丙烯酰胺对于量少的抗原有用，从聚丙烯酰胺凝胶上切下含有抗原的凝胶条或经电泳转移于硝酸纤维素膜后的抗原膜可直接用于免疫动物。

目前应用广泛的是弗氏佐剂。弗氏佐剂配制后，高压灭菌，在 2～8 ℃条件下可长期保存。注射弗氏完全佐剂后，在注射部位经常出现肉芽肿和持久的溃疡。

另外，根据佐剂在体内存留时间分贮存型佐剂和非贮存型佐剂。贮存型佐剂如氢氧化铝胶、弗氏佐剂、白油佐剂等，常与抗原混合成悬浊状态，尽可能延长在注射部位的贮留时间，从而持续不断地刺激机体免疫系统，以产生较强的免疫应答；非贮存型佐剂，如结核菌和卡介苗等生物佐剂、蜂胶和左旋咪唑等非生物型佐剂，使用时既可与抗原混合，也可在相互隔开的部位分别注射，均可出现免疫增强的作用。

【操作训练】

技能一　细胞性颗粒抗原的制备

【目的要求】以绵羊红细胞抗原为例，掌握颗粒性抗原的制备方法和基本思路。

【仪器及材料】10 mL 一次性无菌注射器、三角瓶、离心管、微量移液器、离心机、玻璃珠、酒精棉球、抗凝剂等。

【方法与步骤】

一、操作方法

(1)先将绵羊固定，剪去颈部位置的被毛。

(2)压迫绵羊颈部，使其血管扩展以确定下针部位，对该部位用 75%酒精棉球进行消毒。

(3)用事先吸入抗凝剂的 10 mL 一次性无菌注射器从血管凸起部位进针，采取抗凝绵羊血液，也可将未加抗凝剂的绵羊全血注入盛有玻璃珠的三角瓶中制备脱纤维蛋白的绵羊抗凝血。

(4)取抗凝血适量移入离心管中，加等量生理盐水，2 000 r/min 离心 5 min，吸弃上清液。

(5)再加 2～3 倍生理盐水，用微量移液器反复吹吸混匀，2 000 r/min 离心 5 min，吸弃上层血浆及白细胞层，如此重复洗涤 3 次。

(6)最后一次可离心 10 min，红细胞压积密集沉积于管底，上清液呈无色透明。

(7)弃去上清液，管底即为洗涤过的红细胞压积，再根据需要配成不同浓度的红细胞悬液。

二、注意事项

(1)采血时，注意严格无菌操作。

(2)全血洗涤时，绵羊抗凝血与生理盐水要等量混匀。

(3)洗涤红细胞时，注意不可随意提高离心洗涤的转速和时间，防止红细胞受损。

(4)试验中，如果红细胞需要保存 1～7 d 时，尽量用阿氏液来进行全血的保存。

三、任务实施

本试验分组进行，学生 5 人组成一个工作小组，教师发放工作任务单(表 3-1)。

表 3-1　细胞性颗粒抗原的制备工作任务单

组别		成员姓名及学号	
实训日期		实训地点	
是否提交实验实施计划	□是　　　　□否		
实验报告提交时间	年　　月　　日		
1. 实验目的			
2. 实验原理			
3. 实验步骤			
4. 思考及建议			
5. 工作记录			

【考核内容与评价】（表 3-2）

表 3-2　考核内容与评价　　　　检查日期：　年　月　日

任务	考核内容	标准分值	考核记录	得分
细胞性颗粒抗原的制备	绵羊固定及剪毛	20 分		
	采血部位的选择	10 分		
	采血部位的消毒	20 分		
	采血量	10 分		
	全血洗涤	10 分		
	压积红细胞的制备	10 分		
	操作熟练程度（熟练、一般、不熟练）	20 分		
合计		100 分		

技能二 细菌性颗粒抗原的制备

【目的要求】以大肠杆菌菌体抗原为例，掌握细菌性抗原的制备方法，会用麦氏比浊法测定细菌性抗原的浓度。

【仪器及材料】氯化钡、浓硫酸、甲醛、营养琼脂培养基、营养肉汤培养基、无菌生理盐水、离心机、试管、接种环、细菌涂布器、无菌三角瓶、酒精灯、75%酒精棉球、微量移液器(200～1 000 μL，配有吸头)、超净工作台、恒温培养箱、高压蒸汽灭菌器、培养 24 h 的大肠杆菌斜面。

【方法与步骤】

一、操作方法

(1)用接种环无菌操作刮取大肠杆菌斜面接种于营养肉汤培养基中，置 37 ℃培养 24 h。

(2)取 2～3 mL 培养液接种于营养琼脂平皿中，用细菌涂布器将其平铺于平皿上，置 37 ℃培养 24 h。

(3)吸取无菌生理盐水 5 mL，注入第 2 步得到的大肠杆菌培养物表面，洗下菌苔。将菌液注入无菌三角瓶中。

(4)将收集的菌液放入 60 ℃的水浴箱中 1 h，并不时摇动，以灭活抗原。

(5)用无菌生理盐水稀释灭活的抗原，用微量移液器反复吹吸，4 000 r/min 离心 20 min，弃去上清液，重复离心 3～4 次，直至上清液透亮，弃去部分上清液，保留管底沉淀的菌泥。

(6)配制麦氏比浊管，将待测菌液加到与比浊管规格相同的无菌试管中(总体积 10 mL，记录待测菌液与无菌生理盐水的比例)，通过目测比较待测菌液与标准菌液浓度来大致确定待测菌液的浓度(表 3-3)。

表 3-3 麦氏比浊管的配制

管号(McFarland)	0.5	1	2	3	4	5
0.25% $BaCl_2$/mL	0.2	0.4	0.8	1.2	1.6	2.0
1% H_2SO_4/mL	9.8	9.6	9.2	8.8	8.4	8.0
细菌的近似浓度/(10^8/mL)	1.5	3	6	9	12	15
细菌的近似浓度/(10^6/mL)	150	300	600	900	1 200	1 500

亦可用紫外分光光度计测定细菌抗原浓度。首先在 600 nm 波长检测各比浊管的 OD 值，并绘制出标准曲线，然后再检测菌液的 OD 值，从标准曲线中查每毫升的含菌数，并调整菌液浓度至所需浓度。

(7)将调整到所需浓度的菌液于 121 ℃高压 1 h，待其恢复室温后，按 0.1%加入甲醛溶液，定量分装，置于 2～8 ℃冰箱保存备用。

二、注意事项

1.传代菌种和培养细菌时均应注意无菌操作。

2.麦氏比浊法测定的准确度不是很高，如果是对细菌数量要求较精确的，要用紫外分光光度计测定。

三、任务实施

本试验分组进行，学生5人组成一个工作小组，教师发放工作任务单（表3-4）。

表3-4　细菌性颗粒抗原的制备工作任务单

组别		成员姓名及学号	
实训日期		实训地点	
是否提交实验实施计划	□是　　□否		
实验报告提交时间	年　月　日		
1.实验目的			
2.实验原理			
3.实验步骤			
4.思考及建议			
5.工作记录			

【考核内容与评价】（表 3-5）

表 3-5 考核内容与评价 检查日期： 年 月 日

任务	考核内容	标准分值	考核记录	得分
大肠杆菌O抗原的制备	无菌接种	20 分		
	涂菌	10 分		
	洗菌苔	20 分		
	灭活抗原	10 分		
	洗涤抗原	10 分		
	配制麦氏比浊管	10 分		
	调整菌液浓度	10 分		
	操作熟练程度（熟练、一般、不熟练）	10 分		
合计		100 分		

技能三 病毒性可溶抗原的制备

【目的要求】以鸡新城疫病毒抗原的制备为例，掌握可溶性抗原制备的方法。

【仪器及材料】9～11 日龄健康鸡胚、照蛋器、蛋锥、蛋架、1 mL 一次性注射器、灭菌吸管、眼科剪、眼科镊、指型管、酒精灯、75%酒精棉球、5%碘酊棉球、石蜡、新城疫Ⅰ系或Ⅳ苗、超净工作台、恒温培养箱等。

【方法与步骤】

一、操作方法

（一）病毒材料的处理

（1）如病毒材料来源于患病动物，应将组织剪碎、匀浆、离心后取上清液，过滤除菌备用。

（2）如果病毒材料为液体，可加抗生素（青霉素 1 000 IU 和链霉素 1 000 μg/mL）置室温 1 h 或 4 ℃冰箱 12～24 h，高速离心，取上清液，或经细菌滤器滤过除菌。

（3）若用新城疫Ⅰ系或Ⅳ苗，则无菌操作用生理盐水将其稀释 100 倍。

（二）照胚

取 9～11 日龄健康鸡胚，用照蛋器照胚，沿透光区域划出气室、胚胎位置，并确定接种部位，接种部位可选择远离胚胎的气室侧边缘并避开大血管的位置。并标明胚龄及日期，气室朝上立于蛋架上。

（三）接种

在超净工作台内进行鸡胚接种，在接种部位先后用 5%碘酊棉球、75%酒精棉球进行消毒及脱色，然后用灭菌蛋锥在接种部位打一小孔，用 1 mL 一次性注射器吸取稀释好的新城疫病毒液 0.1～0.3 mL，垂直刺入小孔，然后用熔化的石蜡封孔，置于恒温培养箱中直立孵化 3～7 d。

(四)检胚

孵化期间，每 6 h 照蛋一次，观察胚胎存活情况。弃去接种后 24 h 内死亡的鸡胚，24 h 以后死亡的鸡胚气室朝上置于 0～4 ℃冰箱中冷藏 4 h 或过夜。

(五)收获

将鸡胚取出，无菌操作轻轻敲打并揭去气室顶部蛋壳及壳膜，形成直径 1.5～2.0 cm 的开口。用灭菌镊子夹起并撕开或用眼科剪剪开气室中央的绒毛尿囊膜，然后用灭菌吸管从破口处吸取尿囊液，注入灭菌指型管内，收获的尿囊液应清亮。收获的尿囊液做无菌检验并冷冻保存，用具消毒处理，鸡胚置消毒液中浸泡过夜或高压灭菌，然后弃掉。

二、注意事项

(1)鸡胚接种时必须严格进行无菌操作。

(2)操作时应细心，以免引起鸡胚的损伤，造成鸡胚意外死亡。

(3)用鸡胚进行病毒培养时应保持恒定的适宜条件，可通过在恒温培养箱中增加湿度来实现。

(4)收获病毒后，要注意用具、环境的消毒处理。

三、任务实施

本试验分组进行，学生 5 人组成一个工作小组，教师发放工作任务单(表 3-6)。

表 3-6　鸡新城疫抗原的制备工作任务单

组别		成员姓名及学号	
实训日期		实训地点	
是否提交实验实施计划	□是　　　□否		
实验报告提交时间	年　月　日		
1. 实验目的			
2. 实验原理			
3. 实验步骤			
4. 思考及建议			
5. 工作记录			

【考核内容与评价】(表 3-7)

表 3-7 考核内容与评价　　检查日期：　年　月　日

任务	考核内容	标准分值	考核记录	得分
鸡新城疫抗原的制备	活苗稀释	10 分		
	照胚	10 分		
	选择接种部位	20 分		
	无菌接种	25 分		
	检胚	10 分		
	尿囊液收获	15 分		
	操作熟练程度 (熟练、一般、不熟练)	10 分		
合计		100 分		

技能四　半抗原性免疫原的制备

【目的要求】掌握以盐酸克伦特罗人工抗原为例的半抗原性免疫原的制备方法。

【仪器及材料】盐酸克伦特罗、亚硝酸钠、氨基磺酸铵溶液、牛血清白蛋白、磁力搅拌器、盐酸(1.0 mol/L)、NaOH(1.0 mol/L)、透析袋、双蒸水等。

【方法与步骤】

一、操作方法

(1)称取已纯化的盐酸克伦特罗 100 mg，加 1.0 mol/L HCl 2.0 mL 溶解，再加双蒸水 5 mL。

(2)在 4 ℃下连续向盐酸克伦特罗溶液中加亚硝酸钠(60 mg $NaNO_2$ 溶于 0.5 mL 水中)，每次加 100 μL，间隔约为 15 s。4 ℃恒温搅拌 1 h。

(3)滴加氨基磺酸铵溶液(100 mg 溶于 0.5 mL 水中)，每次 100 μL，直至不产生氨气气泡，溶液 4 ℃下过夜。

(4)将偶氮化的克伦特罗溶液慢慢加入牛血清白蛋白中，期间 pH 保持在 7.5～8.0(1.0 mol/L NaOH 调节)，搅拌反应过夜。

(5)反应过夜的偶联物用 pH 7.4 的 PBS 透析 24 h 后再用双蒸水透析 48 h。

(6)透析好的偶联蛋白冷冻干燥，存放于 4 ℃备用。

二、注意事项

(1)载体的选择　载体有蛋白质类、多肽聚合物、大分子聚合物和某些颗粒，在实际应用时，应在多种载体或方法中进行优选。蛋白质类载体中以牛血清白蛋白最为常用。

(2)半抗原-载体的连接方法　带有游离氨基或游离羧基的半抗原可直接与载体连接；其他不带羧基或氨基的半抗原，需要适当改造，使其变为有羧基或氨基的衍生物才能与载体连接。半抗原与载体连接可用物理或化学方法进行，物理吸附的载体有淀粉、聚乙烯吡咯烷酮(PVP)、羧甲基纤维素等，其原理是通过电荷和微孔吸附半抗原；化学法则是利用某些功能基团把半抗原连接到载体上，这些载体包括血清蛋白、甲状腺球蛋白、卵白蛋白和人工合成的多聚赖氨酸等。

(3)半抗原结合到载体上的数量　半抗原与载体结合的数目与免疫原性密切相关。一般认为至少有 20 个以上的半抗原连接到载体上才能有效地刺激免疫动物产生抗体。因此在免疫原制备后，应测定半抗原结合到载体上的数量，常用吸光色谱分析法测定。

(4)抗原鉴定　对制备出的抗原应进行含量鉴定、理化性质鉴定、纯度鉴定和免疫活性鉴定等。常用的纯度鉴定方法有聚丙烯酰胺凝胶电泳法、免疫电泳法、结晶法和免疫双扩散法等。实际应用时常常需用几种方法联合进行鉴定。

(5)定量检测　蛋白抗原的定量检测可选用生化分析中的常用方法，如根据测试抗原量的多少可用双缩脲法或酚试剂法，若待检抗原量很少时也可用紫外光吸收法测定。

三、任务实施

本试验分组进行，学生 5 人组成一个工作小组，教师发放工作任务单(表 3-8)。

表 3-8　盐酸克伦特罗抗原的制备工作任务单

组别		成员姓名及学号	
实训日期		实训地点	
是否提交实验实施计划	□是　　　　□否		
实验报告提交时间	年　　月　　日		
1. 实验目的			
2. 实验原理			
3. 实验步骤			
4. 思考及建议			
5. 工作记录			

【考核内容与评价】(表 3-9)

表 3-9 考核内容与评价　　　　检查日期：　　年　　月　　日

任务	考核内容	标准分值	考核记录	得分
盐酸克伦特罗抗原的制备	盐酸克伦特罗的溶解	10 分		
	亚硝酸钠的滴加	10 分		
	氨基磺酸铵溶液的滴加	20 分		
	偶氮化的克伦特罗溶液与牛血清白蛋白反应	25 分		
	偶联物的透析	10 分		
	偶联蛋白的冷冻干燥	15 分		
	操作熟练程度(熟练、一般、不熟练)	10 分		
合计		100 分		

技能五　弗氏免疫佐剂的制备

【目的要求】掌握弗氏佐剂的制备方法及应用。

【仪器及材料】碘酊棉球、酒精棉球、干棉球、镊子、注射器、疫苗、实验动物等。

【方法与步骤】

一、操作方法

(1)弗氏不完全佐剂:将羊毛脂和液体石蜡按照 1∶4 比例加入离心管中,用超声波使之混匀,115 ℃ 15 min 高压灭菌,置 4 ℃下保存备用。

(2)弗氏完全佐剂:在弗氏不完全佐剂中加入活卡介苗或死的结核分枝杆菌,使其充分混匀,终浓度为 0.25 mg/mL,即成为弗氏完全佐剂。

(3)在免疫动物前,将弗氏佐剂加热至 60 ℃,按佐剂和抗原体积比 1∶1 充分混匀,制备成油包水乳状液。

二、结果判定

将乳化剂滴入冷水中,若保持完整不分散,成滴状浮于水面,即乳化完全,为合格的油包水剂。

三、注意事项

(1)弗氏完全佐剂是一种油包水的乳浊液,含结核分枝杆菌的细胞壁成分。佐剂活性来自于油滴中免疫原的持续释放,并刺激局部免疫反应。一般首次免疫时抗原用完全弗氏佐剂乳化。

(2)为了减少副作用，第二次或第三次免疫时抗原用弗氏不完全佐剂乳化或不用佐剂。不含结核分枝杆菌成分的弗氏不完全佐剂用于加强免疫。

(3)制备好的抗原与弗氏佐剂的乳化剂经鉴定才能使用。

(4)乳化时可采用研磨法、注射器混合法或超声法等，使用超声破碎仪时，一定要控制超声频率和时间，超声容易激发一些自由基，对抗原有未知损害。乳化方法要根据抗原和需要而定。

四、任务实施

本试验分组进行，学生 5 人组成一个工作小组，教师发放工作任务单(表 3-10)。

表 3-10　弗氏免疫佐剂的制备工作任务单

组别		成员姓名及学号	
实训日期		实训地点	
是否提交实验实施计划	□是　　　□否		
实验报告提交时间	年　　月　　日		
1. 实验目的			
2. 实验原理			
3. 实验步骤			
4. 思考及建议			
5. 工作记录			

【考核内容与评价】(表 3-11)

表 3-11　考核内容与评价　　　　检查日期：　　年　　月　　日

任务	考核内容	标准分值	考核记录	得分
弗氏免疫佐剂的制备	羊毛脂和石蜡的配比	20 分		
	羊毛脂和石蜡的混匀	10 分		
	活卡介苗或死的结核分枝杆菌的配比	20 分		
	弗氏佐剂与抗原的混匀	20 分		
	各环节的灭菌处理	10 分		
	操作熟练程度（熟练、一般、不熟练）	20 分		
合计		100 分		

【复习与思考】

1. 解释下列名词：抗原、免疫原性、反应原性、半抗原、抗原决定簇、免疫佐剂。
2. 抗原应具备哪些条件？
3. 重要的天然抗原有哪些？
4. 举例说明细菌、病毒抗原常用的制备方法。
5. 简述免疫佐剂的种类。

项目四

抗体的认知

【学习目标】

知识目标

◆ 掌握抗体的概念。

◆ 掌握抗体与免疫球蛋白的区别和联系。

◆ 掌握免疫球蛋白分子的单体结构。

◆ 掌握免疫球蛋白分子单体结构中各功能区的作用及特点。

◆ 掌握各类免疫球蛋白的主要特性和功能。

◆ 掌握多克隆抗体与单克隆抗体的制备过程。

能力目标

◆ 能明确解释机体中各类抗体的临床意义。

◆ 会进行多克隆抗体的制备。

◆ 会进行单克隆抗体的制备。

素质目标

◆ 培养学生辩证思维的能力。

◆ 培养学生善于思考、严谨务实的职业素质。

◆ 培养坚定理想信念、爱岗敬业、团结协作的无私奉献精神。

【必备知识】

任务一　抗体基础知识的认知

一、抗体的概念

抗体(Ab)是机体受到抗原物质刺激后，由 B 淋巴细胞转化为浆细胞产生的、能与相应抗原发生特异性结合反应的免疫球蛋白(Ig)。

抗体的本质是免疫球蛋白，但免疫球蛋白并不都是抗体。免疫球蛋白是化学结构上的概念，抗体是生物学功能上的概念。抗体是机体对抗原物质产生免疫应答的重要产物，具有各种免疫功能。根据免疫球蛋白的化学结构和抗原性差异，免疫球蛋白可分为：IgG、IgM、IgA、IgE和 IgD，家畜主要以前四种为主。

二、免疫球蛋白的分子结构

所有种类的免疫球蛋白的单体分子结构都是相似的，IgG、血清型 IgA、IgE、IgD 均是以单体形式存在的，IgM 是以五个单体分子构成的五聚体，分泌型 IgA 是以两个单体分子构成的二聚体。每个单体 Ig 分子均是由四条多肽链组成，其中两条较大的相同分子质量的肽链称为重链（H 链），两条较小的相同分子质量的肽链称为轻链（L 链），肽链间靠二硫键连接构成“Y”字形分子（图 4-1）。

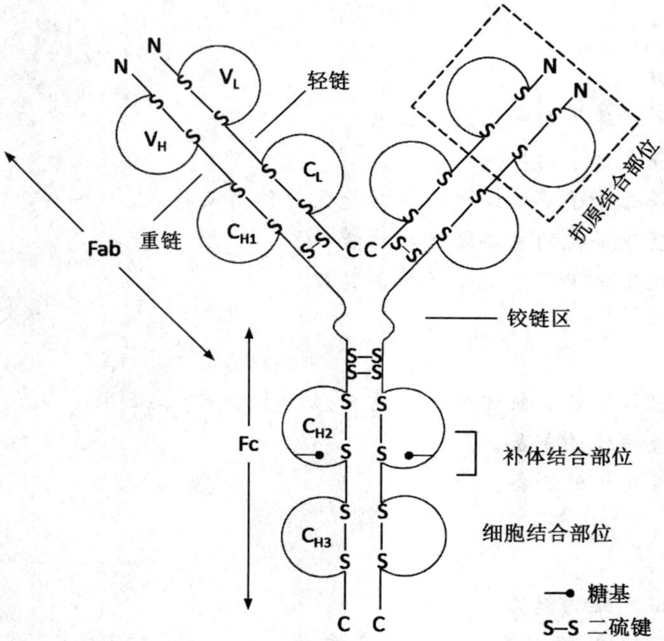

图 4-1　免疫球蛋白单体分子基本结构示意图

1. 重链

重链又称 H 链，由 420～440 个氨基酸组成，分子量为 5 万～7.7 万，两条重链之间由一对或一对以上的二硫键互相连接。重链从氨基端（N 端）开始的 1/4 部分，约 110 个氨基酸的排列顺序以及结构是随抗体分子的特异性不同而有所变化，这一区域称为重链的可变区（V_H），其余的氨基酸比较稳定，称为恒定区（C_H）。在重链的可变区内，有 4 个区域的氨基酸变异度最大，称为超变区（H_V），其余的氨基酸变化较小，称为骨架区。

免疫球蛋白的重链有 γ、μ、α、ε、δ 5 种类型，由此决定了免疫球蛋白的类型，IgG、IgM、IgA、IgE 和 IgD 分别具有上述的重链。因此，同一种动物，不同免疫球蛋白差别就是由重链所决定的。

2.轻链

轻链又称L链，由213～214个氨基酸组成，分子量约为2.25万。两条相同轻链的羧基端(C端)以二硫键分别与两条重链相连接。轻链从N端开始的1/2部分，约109个氨基酸排列顺序及结构随抗体分子的特异性变化而有差异，称为轻链的可变区(V_L)，与重链的可变区相对应，并共同构成抗体分子的抗原结合部位，其余的氨基酸比较稳定，称为恒定区(C_L)。在轻链的可变区内部有三个超变区，其氨基酸变化特别大，其余的氨基酸变化较小，称为骨架区。

免疫球蛋白的轻链根据其结构和抗原性的不同可分为κ型和λ型，各类免疫球蛋白的轻链都是相同的，都有κ型和λ型两型轻链分子。

3.免疫球蛋白的功能区

免疫球蛋白的多肽链分子可折叠形成几个由链内二硫键连接成的环状球形结构，这些球形结构称为免疫球蛋白的功能区。IgG、IgA、IgD的重链有四个功能区，其中有一个功能区在可变区，其余的在恒定区，分别称为V_H、C_{H1}、C_{H2}、C_{H3}；IgM和IgE有五个功能区，即多了一个C_{H4}。轻链有两个功能区，即V_L和C_L，分别位于可变区和恒定区。

各功能区的功能是：①V_H-V_L为免疫球蛋白分子结合抗原的部位。由重链和轻链可变区内的高变区构成免疫球蛋白分子的抗原结合点，又称为抗体分子的互补决定区(CDRs)，决定抗体分子的特异性；②$C_{H1}-C_L$为遗传标志所在的部位；③C_{H2}为抗体分子的补体结合位点，与补体的活化有关；④C_{H3}与抗体的亲细胞性有关，C_{H3}是IgG与一些免疫细胞的Fc受体结合的部位，介导调理作用、吞噬作用等；⑤C_{H4}是IgE与肥大细胞和嗜碱性粒细胞的Fc受体的结合部位，与Ⅰ型变态反应有关。

4.铰链区

位于C_{H1}与C_{H2}之间大约30个氨基酸残基的区域，由2～5个链间二硫键、C_{H1}尾部和C_{H2}头部的小段肽链构成。此部位与抗体分子的构型变化有关，当抗体与抗原结合时，该区可转动，一方面使可变区的抗原结合点尽量与抗原结合，与不同距离的两个抗原表位结合，起弹性和调节作用；另一方面使抗体分子变构，其补体结合位点暴露出来。

5.免疫球蛋白的种类与抗原决定簇

(1)免疫球蛋白的种类　免疫球蛋白可分为类、亚类、型、亚型等。免疫球蛋白可分为IgG、IgM、IgA、IgE和IgD五大类，重链分别为γ、μ、α、ε、δ。IgG又可分为不同的亚类。

(2)免疫球蛋白的抗原决定簇　分为同种型决定簇、同种异型决定簇和独特型决定簇三种类型。

①同种型决定簇　在同一种属动物所有个体共同具有的免疫球蛋白抗原决定簇，在同一种动物不同个体之间不表现出抗原性，只是在异种动物之间才具有抗原性。

②同种异型决定簇　虽然一种动物的所有个体的免疫球蛋白具有相同的同种型决定簇，但一些基因存在多等位基因。

③独特型决定簇　又称为个体基因型。由抗体分子重链和轻链可变区的构型可产生独特

型决定簇，可变区内单个的抗原决定簇称为独特位。每种抗体都有多个独特位，独特位的总和称为抗体的独特型。独特型在异种、同种异体乃至同一个体内均可刺激产生相应的抗体，这种抗体称为抗独特型抗体。

6.水解片段与生物学活性

(1)水解片段　用木瓜蛋白酶可将IgG抗体分子水解成大小相近的三个片段，其中有两个相同的片段，可与抗原特异性结合，称为抗原结合片段(Fab)，分子量为4.5万；另一个片段可形成蛋白结晶，称为可结晶片段(Fc)，分子量为5.5万。IgG抗体分子可被胃蛋白酶消化成两个大小不同的片段，一个是具有双价抗体活性$F(ab)'_2$片段，和无生物学活性的小分子肽链碎片，以pFc′表示(图4-2)。

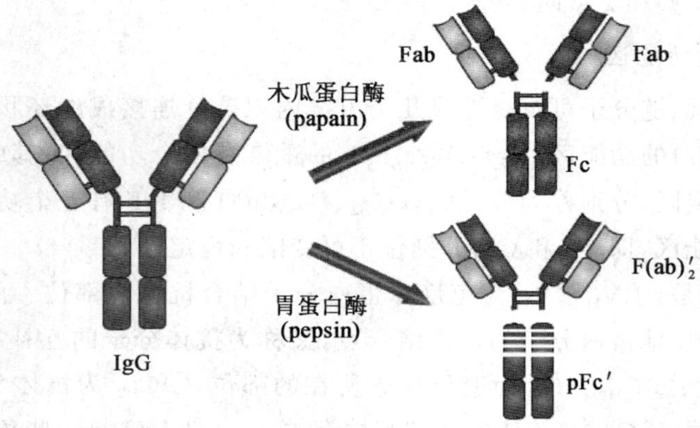

图4-2　免疫球蛋白的酶解片段

(2)Fab片段的组成与生物学活性　Fab片段由一条完整的轻链和N端1/2重链所组成。由V_L与C_L两个轻链同源区和V_H、C_{H1}两个重链同源区在可变区和稳定区各组成一个功能区。抗体结合抗原的活性就是由Fab所呈现的，由V_H和V_L所组成的抗原结合部位，除了结合抗原而外，还是决定抗体分子特异性的部位。

(3)Fc片段的组成与生物学活性　Fc片段由重链C端的1/2组成，包含C_{H2}和C_{H3}两个功能区。该片段无结合抗原活性，但与抗体分子的生物学活性有密切关系，如选择性地通过胎盘、与补体结合活化补体、决定免疫球蛋白分子的亲细胞性(即与带Fc受体细胞的结合)及免疫球蛋白通过黏膜进入外分泌液等都是Fc片段的功能。补体结合位点在C_{H2}上，细胞受体的结合则位于C_{H3}。Fc片段是免疫球蛋白分子中的重链稳定区，因此它是决定各类免疫球蛋白抗原特异性的部位。用免疫球蛋白免疫异种动物产生的抗抗体，就是针对免疫球蛋白Fc片段的。

此外，个别免疫球蛋白还具有一些特殊分子结构(图4-3)，包括：①连接链(J链)为IgM和分泌型IgA所具有，是连接单体的一条多肽链，它是由分泌IgM、IgA的同一浆细胞所合成的。②分泌片(SP)是分泌型IgA所特有的，它是由局部黏膜的上皮细胞所合成的。③糖类，免疫球蛋白是含糖量相当高的蛋白质，糖类是以共价键结合在H链的氨基酸上。

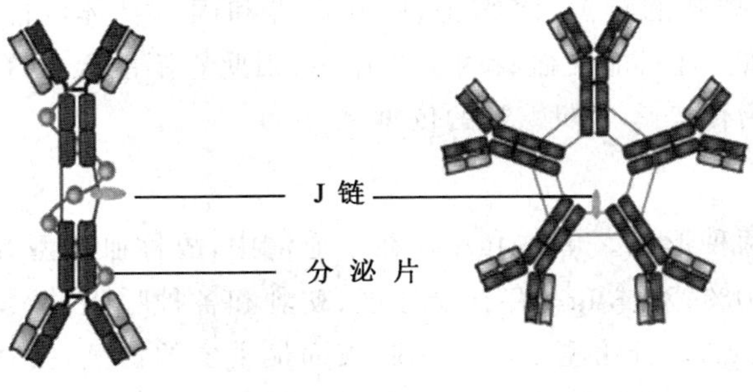

图 4-3　二聚体 IgA 和五聚体 IgM

三、各类免疫球蛋白的主要特性和功能

IgG、IgM、IgA、IgE 和 IgD 等免疫球蛋白有的以单体形式存在，也有的以聚合体形式存在（图 4-4），都具有各自的特性和生物学作用。

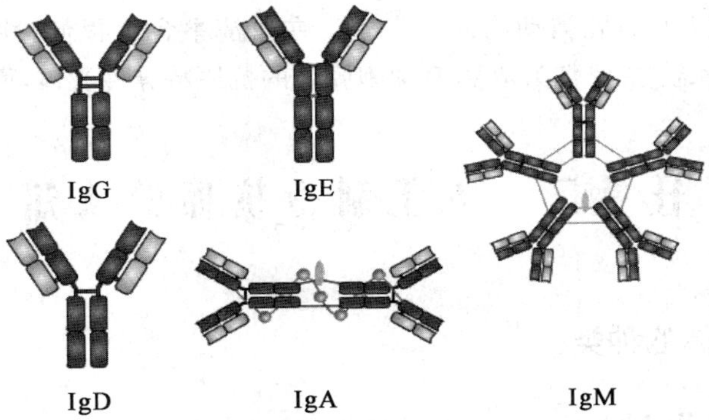

图 4-4　五种免疫球蛋白的结构

1. IgG

IgG 以单体形式存在，是人和动物血清中含量最高的免疫球蛋白，占血清免疫球蛋白总量的 75%～80%。主要由脾和淋巴结中的浆细胞产生，大部分存在于血浆中，其余存在于组织和淋巴液中。IgG 是动物自然感染和人工主动免疫后，机体所产生的主要抗体，IgG 在动物体内不仅含量高，而且半衰期最长，约为 23 d。因此它是抗感染免疫的主力，具有抗菌、抗病毒和抗外毒素等多种活性，也是唯一能够通过胎盘的抗体，因此在新生儿的抗感染免疫中起十分重要的作用，也是血清学诊断和疫苗免疫后检测的主要抗体。

2. IgM

IgM 是一个五聚体，是所有免疫球蛋白中分子质量最大的，又称为巨球蛋白，是动物机体初次体液免疫反应最早产生的免疫球蛋白。其含量占血清免疫球蛋白总量的 10%左右，半衰期约 5.1 d。在机体的免疫应答中，IgM 因其产生最早，在感染早期起着先锋免疫作用。与其他 Ig 相比较，IgM 具有更强的溶菌、溶细胞、中和病毒和固定补体的能力。但由于 IgM 在体内持续时间较短，含量低，且只能在血管内发挥作用，因此它不能象 IgG 那样起主力免疫作用。血清中 IgM 升高可作为传染病早期感染的依据。

3. IgA

IgA 有单体、双体两种形式。单体 IgA 存在于血清中，故称血清型 IgA，其含量占血清免疫球蛋白总量的 10%～20%；双体 IgA 存在于唾液、初乳和各种呼吸道、胃肠道及泌尿生殖道的分泌液中，故称分泌型 IgA。分泌型 IgA 是黏膜表面最主要的抗菌、抗病毒抗体，在气管、肠道等局部免疫中起重要作用。幼畜早期容易患呼吸道和消化道感染，可能与其局部合成分泌型 IgA 功能不健全有关。

4. IgE

IgE 以单体形式存在，由呼吸道、消化道黏膜固有层中的浆细胞产生，在血清中含量极微。IgE 是一种亲细胞抗体，易与肥大细胞和嗜碱性粒细胞结合，参与Ⅰ型变态反应。在肠内寄生虫感染时，可见血清中 IgE 含量增加，对抵抗肠内寄生虫有一定的作用。

5. IgD

IgD 只发现于人，其他哺乳类动物尚未发现。在血清中含量很低，性质不稳定，易被降解。IgD 是 B 细胞的表面标志，主要作为成熟 B 细胞膜上的抗原特异性受体，而且与免疫记忆有关。

任务二　人工制备抗体的认知

一、人工制备抗体的种类

（一）多克隆抗体（PcAb）

克隆是指一个细胞经无性增殖而形成的一个细胞群体，由一个 B 细胞增殖而来的 B 细胞群即 B 细胞克隆。一种天然抗原物质，是由多个抗原分子组成，即使是纯蛋白质分子也含有多种抗原决定簇，将此种抗原经各种途径免疫动物，可激活动物机体多个淋巴细胞克隆，由此产生的抗体是一种多克隆的混合抗体，即为多克隆抗体，简称多抗，也称第一代抗体。由于这种抗体是不均一的，无论是对抗体分子结构与功能的研究，还是临床应用都受到很大限制。

实际生产中，将可溶性抗原或颗粒性抗原注入动物体内可激发机体的免疫应答，活化的免疫细胞可产生各种免疫分子，包括抗体、细胞因子和补体等。由活化的 B 淋巴细胞分化而来的浆细胞分泌抗体进入血液，从这种血液中分离出来的血清含有大量针对某种抗原的抗体，此种血清称为抗血清或免疫血清（图 4-5）。抗血清中的抗体是针对抗原的多种抗原决定簇，并由多个抗体形成细胞克隆分泌，故称为多克隆抗体。

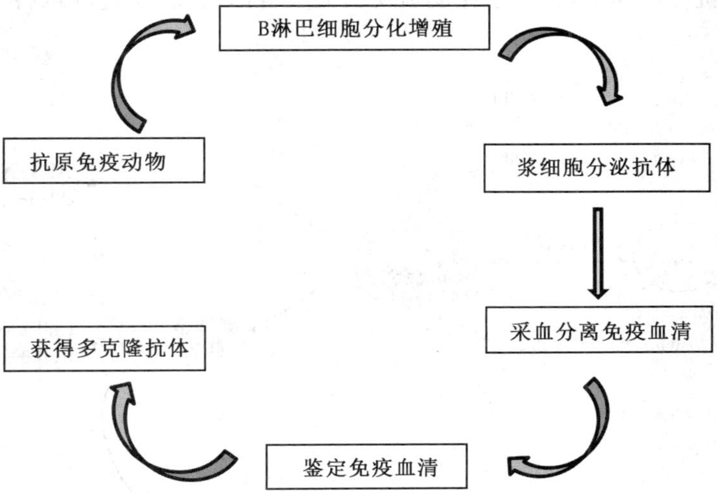

图 4-5　制备多克隆抗体的过程

(二)单克隆抗体(McAb)

由一个 B 细胞分化增殖的子代细胞产生的针对单一抗原决定簇的抗体,称为单克隆抗体,简称单抗。单克隆抗体在理化性质、分子结构、遗传标记以及生物学特性等方面都是完全相同的均一性抗体,也称为第二代抗体。

1975 年,Kohler 和 Milstein 建立了体外淋巴细胞杂交瘤技术。研究中发现,被致敏的 B 淋巴细胞能分泌特异性抗体,但不能在体外长期存活。B 细胞骨髓瘤可在体外长期存活并大量繁殖,但不能分泌抗体。应用灭活病毒、聚乙二醇使小鼠骨髓瘤细胞与来自抗原免疫的同系小鼠脾细胞(含有产生抗体的 B 淋巴细胞)融合,再用选择性培养基进行选择培养。选择性培养基含有次黄嘌呤(H)、氨基蝶呤(A)和胸腺嘧啶核苷(T),即 HAT 培养液。在该培养液中,仅杂交瘤细胞可以存活,且既具有骨髓瘤细胞长期生存的特点,又获得了 B 细胞产生特异性抗体的能力,再经反复的克隆化培养,可获得由一个杂交瘤细胞繁衍而来的单克隆杂交瘤细胞,所产生的抗体称为单克隆抗体(图 4-6)。

与多克隆抗体比较,单克隆抗体具有无可比拟的优越性,应用前景广阔。它具有高特异性、高纯度、均质性好、亲和力强、重复性强、效价高、成本低、并可大量生产等优点(表 4-1)。

表 4-1　多克隆抗体和单克隆抗体的比较

特点	多克隆抗体	单克隆抗体
抗体产生细胞	多克隆性	单克隆性
特异性	低,与多个抗原决定簇结合	高,仅识别单一抗原决定簇
均质性	不均一,多种抗体混合物	均一,单一抗体
重复性	不确定	完全一致
交叉反应	能与带相同抗原决定簇的抗原发生反应	无
稳定性	较好	较差,对热、pH 敏感,易失活

由于单克隆抗体的问世，推动了免疫学及相关学科的发展，使这两位科学家于1984年获得诺贝尔奖。

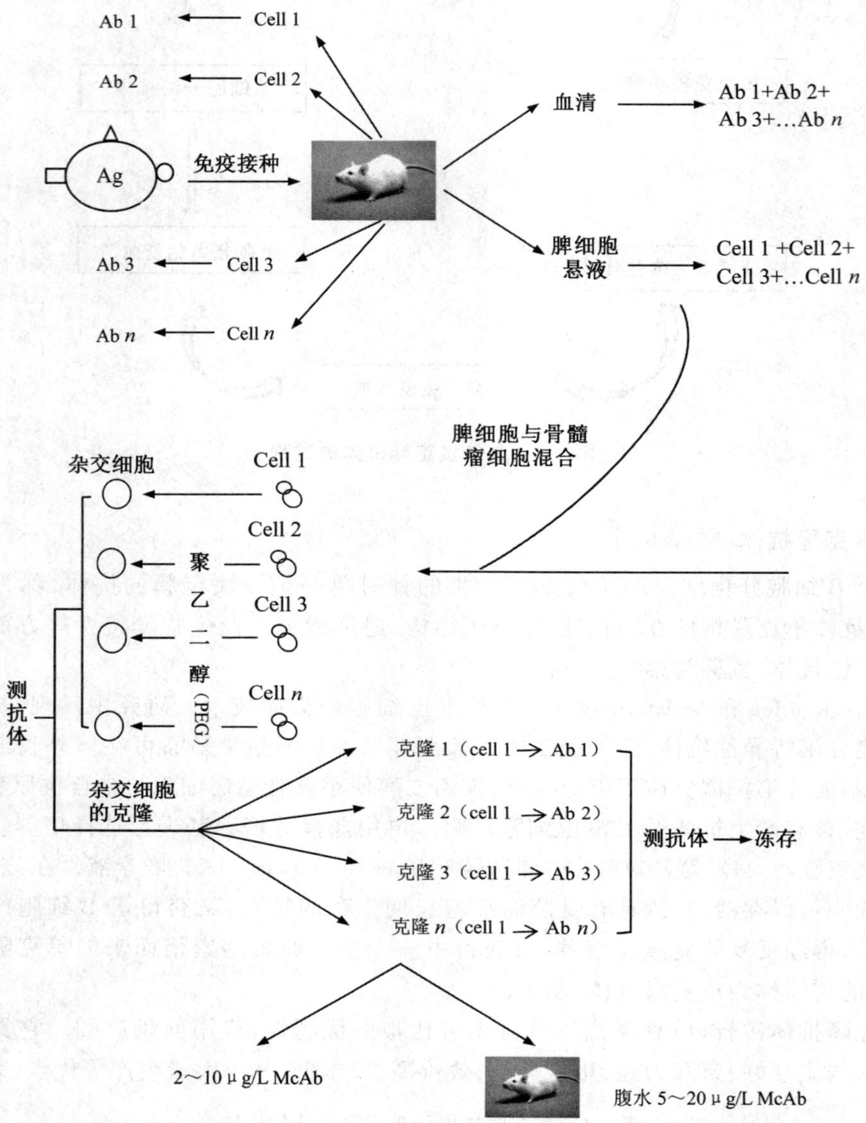

图 4-6　单克隆抗体的制备过程

二、单克隆抗体的应用

1. 标准化诊断试剂

常规诊断血清实际上是非均质多特异性抗体的混合物，在免疫诊断中常常会发生交叉反应，造成假阳性或非特异性结果。单克隆抗体则不存在这种弊病，因为它是质地均一、高度特异性抗体，且易于标准化和质量控制。在研制过程中，对抗原的纯度一般不必苛求，而且产生

McAb 的杂交瘤细胞株一旦获得即可大规模培养，以提供所需要的 McAb，可减少克隆抗体的批间差异，而且大大降低了成本。目前，国内外用单克隆抗体技术，已研制出多种诊断试剂盒，应用于动物临床。

通常体内激素含量甚微，采用常规抗血清进行测定是难以办到的，现已用针对激素的 McAb 取代常规血清进行放射免疫分析可取得很好的测定结果。

2. 免疫治疗试剂

（1）肿瘤治疗　目前已报道用 McAb 治疗骨髓瘤、白血病、消化道癌和胰腺癌等有一定效果。其机理多数人认为是通过抗体依赖细胞毒作用以及 McAb 与补体共同作用选择性的杀伤肿瘤细胞；也可以采用抗体导向药物治疗，利用具有高度特异性的 McAb 作为载体，将对肿瘤细胞具有很强杀伤作用的化学药物、毒素、放射性核素等与 McAb 结合在一起，制成所谓生物导弹，用于肿瘤患者，使其直接作用于肿瘤病灶局部，从而特异地杀伤肿瘤细胞而达到治疗的目的。

（2）其他疾病治疗　McAb 亦可用于细菌和病毒性疾病的治疗。如国外已报道用抗乙肝病毒表面抗原的 McAb 中和人体内乙型肝炎病毒，借以切断母婴传播或保护易感人群。

（3）纯化生物制剂　用已知 McAb 制备成离子交换层析柱、SDS-聚丙烯酰胺凝胶电泳及 McAb 亲和层析柱，可用于生物制剂的纯化，如干扰素、白细胞介素等。用 McAb 纯化的生物制品纯度高、成本低，具有广阔的应用前景。

【操作训练】

技能一　多克隆抗体的制备

【目的要求】掌握多克隆抗体制备的基本方法。

【仪器及材料】小鼠 γ 球蛋白、生理盐水、弗氏完全佐剂、弗氏不完全佐剂、双针头连接的两个注射器、健康成年兔（体重 2.5 kg 左右）、75%酒精棉球、试管、离心机、水浴箱、冰箱等。

【方法与步骤】

一、操作方法

（1）将小鼠 γ 球蛋白 500 μg 溶解于 1 mL 生理盐水中。

（2）逐滴加入 1 mL 弗氏完全佐剂中，用双针头连接的两个注射器混匀，使抗原液成为乳剂。

（3）继续混匀，直至全部抗原液成为乳剂，取 1 滴至冰水表面，若乳剂稳定，在冰水表面不会扩散。

（4）取 1 mL 乳剂在兔的颈背部和大腿分 5～6 个点皮下注射。

（5）2 周后再次注射，若在兔的注射部位出现肉芽肿，第二次免疫可用弗氏不完全佐剂。

（6）再过 2 周后，从兔耳动脉取血试测，若效价不够，可加强免疫一次。

（7）于最后一次免疫 2 周后，心脏采血致死，将血置于锥形瓶内，室温下放置 30 min，使血液凝固收缩后，移入 37 ℃恒温培养箱中放置 1 h，再放入 4 ℃内 3～4 h 或过夜。

(8)吸取析出的血清，以 3 000 r/min 离心 15 min 去除红细胞，取上清加入防腐剂(终浓度 0.01%硫柳汞或 0.1%叠氮化钠)，灭活补体后分装于冻存管中，于 -20 ℃冻存备用。

二、注意事项

(1)免疫动物的抗原，一定要是纯化的、免疫原性强的抗原。

(2)选择健康、合适的动物，并在免疫期间细心饲养。

(3)制定可行的免疫方案，包括免疫的剂量、免疫次数和免疫途径等。

(4)如抗体效价偏低，可重复免疫 2～3 次。

(5)如抗体效价符合要求，免疫的兔子即可放血并分离血清。

(6)将血清置于冻存管中，在 56 ℃水浴中作用 30 min，灭活不稳定的补体成分。

(7)抗血清保存在< -20 ℃或冻干后保存于<4 ℃。

三、任务实施

本试验分组进行，学生 5 人组成一个工作小组，教师发放工作任务单(表 4-2)。

表 4-2　多克隆抗体的制备工作任务单

组别		成员姓名及学号	
实训日期		实训地点	
是否提交实验实施计划	□是　　□否		
实验报告提交时间	年　月　日		
1. 实验目的			
2. 实验原理			
3. 实验步骤			
4. 思考及建议			
5. 工作记录			

【考核内容与评价】(表 4-3)

表 4-3　考核内容与评价　　　　检查日期：　年　月　日

任务	考核内容	标准分值	考核记录	得分
多克隆抗体的制备	抗原的溶解	10 分		
	抗原与佐剂的混匀及乳化	10 分		
	乳剂的合格性检测	10 分		
	基础免疫的操作	20 分		
	加强免疫的操作	10 分		
	试血	10 分		
	血清的收集	10 分		
	血清的处理及保存	10 分		
	操作熟练程度(熟练、一般、不熟练)	10 分		
合计		100 分		

技能二　单克隆抗体的制备

【目的要求】掌握单克隆抗体制备的基本方法,熟悉单克隆抗体的特点。

【仪器及材料】无血清 RPMI-1640 培养液(RPMI-1640 培养基按配方溶解,补加 0.2% 的 $NaHCO_3$,用 1 mol/L HCl 调节 pH 至 6.8～7.0,过滤除菌)、完全 RPMI-1640 培养液(含 20%胎牛血清,并补加 *L*-谷氨酰胺 1 mmol/L)、50%聚乙二醇(PEG)、HAT 培养液和 HT 培养液、无 Ca^{2+}、Mg^{2+} Hank 液(取 NaCl 8 g、KCl 0.4 g、$Na_2HPO_4 \cdot 12H_2O$ 0.152 g、KH_2PO_4 0.06 g、葡萄糖 1 g,加双蒸水将各组分充分溶解后,加入 0.4%酚红溶液 5 mL,定容至 1 000 mL,112.6 ℃灭菌 15 min,4 ℃保存,使用前用无菌 $NaHCO_3$ 调 pH 至 7.2～7.4)、降植烷、小鼠骨髓瘤细胞(SP2/0 细胞系)、抗原免疫的 BALB/c 小鼠、96 孔细胞培养板、塑料圆底离心管、培养瓶(10 mL)和培养皿、不锈钢网(200 目)、吸管、滴管、剪刀、镊子、水浴箱、CO_2 培养箱等。

【方法与步骤】

一、操作方法

(一)免疫小鼠和骨髓瘤细胞准备

(1)用需要制备相应单抗的抗原免疫小鼠。

(2)将小鼠骨髓瘤细胞用完全 RPMI-1640 培养液在培养瓶中进行扩大培养。

(3)选择生长旺盛、活力>95%的骨髓瘤细胞，收集于50 mL塑料圆底离心管中，1 000 r/min离心15 min。

(4)弃上清液，沉淀细胞用无血清RPMI-1640培养液洗涤2次，以1 000 r/min离心15 min。

(5)用无血清RPMI-1640培养液重悬第二次沉淀细胞，计数活细胞，配成细胞数1×10^6个/mL的悬液，以备融合用。

(二)饲养细胞的制备

(1)将5 mL无Ca^{2+}、Mg^{2+} Hank液注入正常小鼠的腹腔，抽出含腹腔巨噬细胞的液体，置50 mL塑料圆底离心管中，将此过程反复进行2～3次。

(2)用无Ca^{2+}、Mg^{2+} Hank液洗涤细胞1次，1 000 r/min离心10 min。

(3)用无血清RPMI-1640培养液重悬沉淀细胞，计数并调节细胞浓度至2×10^5个/mL。

(4)加入96孔细胞培养板中，每孔100 μL。

(5)置37 ℃、5%CO_2培养箱中培养，于次日使用。

(三)免疫小鼠脾细胞悬液的制备

(1)无菌条件下取免疫小鼠的脾脏，置培养皿中的200目不锈钢网上。

(2)加入少量无血清RPMI-1640培养液，用注射器内芯平端将脾脏轻轻压过钢网，取出钢网，用滴管轻轻吹吸分散细胞。

(3)以无血清RPMI-1640培养液洗涤1次，1 000 r/min离心10 min。

(4)沉淀细胞重悬于5 mL无血清RPMI-1640培养液。计数淋巴细胞，以备融合用。

(四)细胞融合

(1)取制备好的骨髓瘤细胞与脾淋巴细胞，以(1∶5)～(1∶10)比例在50 mL试管中混合，1 000 r/min离心10 min。

(2)弃净上清，轻轻扣松留存管内的沉淀细胞。

(3)将沉淀细胞、50%PEG及无血清RPMI-1640培养液均置于37 ℃水浴箱中预温。

(4)将50%PEG 0.8 mL于1 min内逐滴加入细胞沉淀中，37 ℃水浴箱中静置1 min。

(5)逐滴加入预温的无血清RPMI-1640培养液30～40 mL，轻轻摇动试管，在5 min内加完。此时要慢加，因PEG作用后，细胞对机械损伤敏感。

(6)在室温中以1 000 r/min离心10 min。

(7)弃上清，沉淀细胞用10 mL含10%胎牛血清的HAT培养液重新悬浮。

(8)滴加于预先铺有饲养细胞的96孔培养板中，每孔加100 μL。

(9)将培养板置37 ℃、5%CO_2培养箱中培养。

(五)杂交瘤细胞的克隆化(有限稀释法)

在显微镜下观察到杂交瘤细胞开始成簇生长，应及时筛选产生抗体的阳性孔。筛选大量培养孔中的上清，以鉴定出具有所需特性的抗体，这需要简便的技术。一旦筛选到有抗体的阳性孔，尽快进行克隆化和重测，有限稀释法是进行杂交瘤细胞克隆化的主要方法。

(1)于96孔平底微量培养板制备饲养细胞，用一块或半块做一个阳性孔杂交瘤细胞的克隆化。

(2)收集并计数各阳性孔中的细胞。

(3)分别制备细胞数为20、10、5个/mL的细胞悬液。

(4)分别加入96孔培养板，每孔100 μL。

(5)培养板置37 ℃、5% CO_2 培养箱中培养。1～2周后可观察到克隆生长。

(6)检测上清中抗体，将阳性孔中杂交瘤细胞再次选出培养并做克隆化。

(六)杂交瘤细胞的建立与维持

杂交瘤细胞系在固定的培养瓶中生长到稳定期，可以产生2～10 μg/mL抗体蛋白。将杂交瘤细胞系分别注入组织相容性的小鼠腹腔，可以产生大量的单克隆抗体。

(1)每只小鼠腹腔内注射0.5 mL降植烷。

(2)7 d后于小鼠腹腔内注射 1×10^6 杂交瘤细胞，2～3周后大多数可产生实体瘤和腹水。

(3)用注射器抽出腹水，在4 ℃以2 000 r/min离心15 min，腹水冻存于－70 ℃。

(4)小鼠存活期间可重复进行以上第三步。

二、结果

(1)杂交瘤细胞加冻存液置冻存管中，保存于液氮中。

(2)检定杂交瘤细胞系的染色体数。

(3)鉴定单克隆抗体对抗原的特异性。

(4)鉴定单克隆抗体免疫球蛋白类型和亚类型。

(5)测定单克隆抗体的效价。

(6)测定单克隆抗体的亲和力。

三、注意事项

(1)实验操作需在无菌条件下进行。

(2)用于融合的骨髓瘤细胞活力应在95%以上。

(3)加入培养液中的胎牛血清应预先进行筛选，以利于单个克隆细胞的生长。

(4)选择培养后，勿将杂交瘤细胞从HAT培养液直接转换到正常培养液中，因为残留的氨基蝶呤能阻止DNA合成的恢复，而是让细胞在HT培养液中生长3～5 d后再转换正常培养液。

(5)必须对杂交瘤细胞系反复克隆化以保证其均一性。

四、任务实施

本试验分组进行，学生5人组成一个工作小组，教师发放工作任务单(表4-4)。

表 4-4　单克隆抗体的制备工作任务单

组别		成员姓名及学号	
实训日期		实训地点	
是否提交实验实施计划	□是　　　□否		
实验报告提交时间	年　　月　　日		
1. 实验目的			
2. 实验原理			
3. 实验步骤			
4. 思考及建议			
5. 工作记录			

【考核内容与评价】(表 4-5)

表 4-5　考核内容与评价　　　　检查日期：　年　月　日

任务	考核内容	标准分值	考核记录	得分
单克隆抗体的制备	用抗原免疫小鼠	10 分		
	骨髓瘤细胞的准备	10 分		
	巨噬细胞饲养层的制备	10 分		
	免疫小鼠脾细胞悬液的制备	10 分		
	细胞融合	10 分		
	杂交瘤细胞的克隆化	20 分		
	杂交瘤细胞系的建立	10 分		
	小鼠腹水的采集与冻存	10 分		
	操作熟练程度(熟练、一般、不熟练)	10 分		
合计		100 分		

【复习与思考】

1.解释下列名词:抗体、免疫球蛋白、Fab、Fc、单克隆抗体、多克隆抗体。
2.抗体与免疫球蛋白有何区别?
3.主要的免疫球蛋白有哪些?分别有什么特点与功能?
4.简述抗体的基本结构及其各部分的功能。
5.各类免疫球蛋白的主要特性及其生物学作用是什么?
6.单克隆抗体与常规血清抗体有何不同?何谓杂交瘤技术?
7.杂交瘤技术生产单克隆抗体的基本原理是什么?

项目五

免疫应答的认知

【学习目标】

知识目标

◆ 掌握免疫应答的概念。
◆ 掌握免疫应答的基本过程。
◆ 掌握免疫应答的类型及特点。
◆ 掌握体液免疫中抗体产生的一般规律。
◆ 掌握体液免疫应答的生物学效应。
◆ 了解细胞免疫应答的基本过程、特点及生物学效应。

能力目标

◆ 能根据体液免疫应答的特点分析影响抗体产生的因素。
◆ 会分析体液免疫应答和细胞免疫应答的产生规律。
◆ 会分析抗体产生的一般规律。

素质目标

◆ 培养学生辩证思维的能力。
◆ 培养学生善于思考、严谨务实的职业素质。
◆ 培养坚定理想信念、爱岗敬业、团结协作的无私奉献精神。

【必备知识】

任务一　免疫应答的认知

一、免疫应答的概念

免疫应答是指免疫活性细胞（T 细胞和 B 细胞）对抗原的识别、自身的活化、增殖和分化（结构和功能的改变）以及产生免疫效应的过程。

二、免疫应答的基本过程

免疫应答是一个十分复杂的生物学过程，除了由单核吞噬细胞系统和淋巴细胞系统协同完成外，还有许多细胞因子发挥辅助作用，是一个连续不可分割的过程。为便于理解，可人为划分为以下三个阶段。

1.识别阶段

即从巨噬细胞对抗原的捕获与处理，一直到免疫活性细胞通过其表面抗原受体与抗原特异性结合。但少数可溶性抗原可直接与免疫活性细胞表面的抗原受体结合。

2.激活阶段

即免疫活性细胞受抗原刺激后母细胞化，引起形态、功能的改变和数量的增加。最后分别使B细胞和T细胞形成浆细胞和致敏淋巴细胞以及少量的记忆细胞。

3.效应阶段

即由抗体、淋巴因子和包括致敏淋巴细胞在内的各种免疫细胞相互配合，互相促进，共同清除抗原的阶段。其中由浆细胞产生的大量特异性抗体构成了体液免疫的物质基础，由致敏淋巴细胞本身及其释放的各种淋巴因子构成了细胞免疫的效应基础。

三、参与免疫应答的细胞

参与机体免疫应答的核心细胞是T细胞和B细胞，巨噬细胞、Th细胞等是免疫应答的辅佐细胞，也是免疫应答过程中不可或缺的细胞。将由B淋巴细胞介导的免疫应答称为体液免疫应答，亦称体液免疫；将由T淋巴细胞介导的免疫应答称为细胞免疫应答，亦称细胞免疫。

四、免疫应答发生的场所

动物的外周免疫器官及淋巴组织是免疫应答产生的场所。通过免疫应答，动物机体可建立对某种病原微生物的特异性抵抗力，即免疫力，这是后天获得的，故又称获得性免疫。

抗原进入动物机体后，一般先通过淋巴循环进入淋巴结，进入血流的抗原则滞留于脾和全身各淋巴组织，随后被淋巴结和脾中的抗原递呈细胞捕获、加工和处理，而后表达于抗原递呈细胞表面。同时，血液循环中成熟的T、B淋巴细胞经淋巴组织中的毛细血管后静脉进入淋巴器官，与表达于抗原递呈细胞表面的抗原接触而被活化、增殖和分化为效应细胞，并滞留于该淋巴器官内，由于正常淋巴细胞的滞留、特异性增殖以及因血管扩张所导致的体液成分增加等因素，淋巴器官迅速增长，待免疫应答减退后才逐渐恢复到原来的大小。

任务二　体液免疫应答的认知

一、体液免疫应答的概念

体液免疫是B细胞介导的免疫应答，是B细胞通过对抗原的识别、活化、增殖，最后分化成浆细胞并分泌抗体，由抗体实现的免疫效应。

二、体液免疫应答的过程

(一)B细胞对抗原的识别

B细胞是体液免疫应答的核心细胞，一个B细胞表面有10^4～10^5个抗原受体，可以和大量的抗原分子结合而被选择性地激活。B细胞对TD抗原和TI抗原的识别有很大的不同，两种抗原引发的体液免疫也有不同的特点。

1. 对TD抗原的识别

一般情况下，大量抗原进入未经免疫的机体诱发初次免疫应答时，多经巨噬细胞和树突状细胞等抗原递呈细胞捕捉、吞噬、处理，然后把含有抗原决定簇的片段呈递到抗原递呈细胞表面，只有Th细胞识别带有抗原决定簇的抗原递呈细胞后，B细胞才能与抗原结合被激活。

2. 对TI抗原的识别

TI抗原不需要抗原递呈细胞和Th细胞的协助，抗原能直接与B细胞表面的抗原受体特异性结合，引起B细胞活化。

(二)B细胞的活化、增殖和分化

B细胞通过表面的抗原受体结合摄入抗原时，即可获得活化的第一信号(抗原刺激)，B细胞活化的第二信号是活化的Th细胞表面相关结构与B细胞的结合。接受双重信号刺激的B细胞被激活，进一步增殖分化为浆细胞，浆细胞是B细胞的终末细胞，具有合成分泌各种类型Ig能力。接受TD抗原刺激的B细胞，在分化阶段有部分B细胞停止增殖分化，成为记忆性B细胞(Bm)，记忆性B细胞具有高度的抗原亲和性，当再次接触相同抗原时，能迅速接受抗原刺激而活化、增殖、分化为浆细胞，合成分泌抗体。TI抗原不刺激机体产生记忆性B细胞，故无此增强的免疫记忆反应。

(三)抗体的产生

活化的B细胞最终分化成能产生各种类型Ig的浆细胞，即IgM型浆细胞(主要由TI抗原活化的B细胞分化而来)、IgG型浆细胞、IgA型浆细胞、IgE型浆细胞等，从而合成并分泌各种抗体。

三、抗体产生的一般规律

1. 对同一种抗原初次免疫应答与再次免疫应答产生免疫球蛋白的速度、数量和持续时间不同

(1)初次应答　机体初次接触适量抗原刺激后，引起机体抗体产生的过程，称为抗体产生的初次应答。初次应答的主要特点为：

①抗体产生的诱导期比较长。从抗原进入机体，到机体血清中检测出抗体需要的时间称为抗体产生的诱导期。抗原初次进入机体，需要抗原递呈细胞对抗原进行捕捉、加工处理，然后在Th细胞的协助下才能激活B细胞，B细胞进一步增殖分化为浆细胞产生抗体，该过程复杂且较长。

②初次应答产生最早的是IgM，可在几天内达到高峰，然后下降；接着产生IgG，IgA产生最迟；产生的抗体中以IgM为主。

③初次应答产生的抗体总量较低，维持时间也较短，与抗原的亲和力较弱。

(2)再次应答　指机体再次接触相同的抗原引起抗体产生的过程。其特点为：

①抗体产生的诱导期显著缩短，约为初次应答的一半。这是因为 TD 抗原刺激机体产生了记忆性 T 细胞和记忆性 B 细胞，记忆性 T 细胞再次受到相同抗原刺激时，可很快增殖分化为 Th 细胞，促进 B 细胞的增殖和抗体的产生。记忆性 B 细胞再次接触相同抗原时，可很快活化，并分化为产生各种 Ig 的浆细胞，产生抗体。

②再次应答中产生抗体的顺序与初次应答相同，但以 IgG 为主，再次应答间隔时间越长，机体越倾向于只产生 IgG，经消化道等黏膜途径进入机体的抗原可诱导产生分泌型 IgA。

③再次应答产生抗体的总量较多，维持时间较长，且对抗原的亲和力更强。

再次应答在抗体产生的速度、数量、质量以及维持时间等方面均优于初次应答(图 5-1)，因此在预防接种时，间隔一定时间进行疫苗的再次接种，可起到强化免疫的作用。

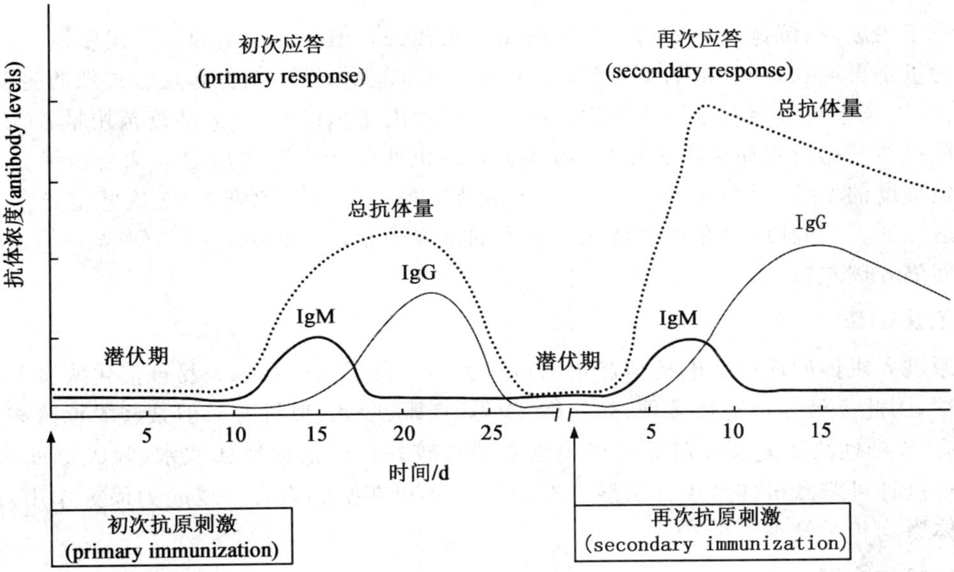

图 5-1　初次应答与再次应答抗体产生规律

2. 免疫球蛋白产生的顺序，即 IgM-IgG-IgA 顺序规律

当抗原刺激机体后可以产生多种 Ig。其出现的顺序一般是 IgM 最早，但消失也快，在血液中只维持数周至数月。IgG 出现稍迟于 IgM，当 IgM 接近消失时，IgG 方达高峰阶段，并维持较长时间，甚至达到数年之久。IgA 出现最晚，常在 IgM 和 IgG 出现后 2 周至 1～2 月才能在血液中查出，但维持时间较长。在检验工作中，可通过对 IgM 的检测，达到早期诊断的目的。

四、影响抗体产生的因素

抗体是机体免疫系统受到抗原的刺激后产生的，因此抗体产生的水平取决于抗原和机体两个方面。

(一)抗原方面

1.抗原的性质

首先抗原的类型影响机体发生的免疫应答类型。一般来说,抗原刺激机体同时产生体液免疫和细胞免疫,但有主次之分。细胞外寄生的病原体以及胞内寄生的病原体体外生活阶段多引起体液免疫;胞内寄生的病原体如病毒、胞内菌、胞内原虫等,在细胞内增殖时主要引起细胞免疫应答。

抗原的物理状态、化学结构等方面不同,对机体刺激的强度也不同,机体产生抗体的速度和维持时间也不同。聚合状态的抗原一般比单体抗原的免疫原性强,颗粒性抗原比可溶性抗原的免疫原性强,某些佐剂增强免疫的机理即如此。

细菌荚膜多糖等 TI 抗原不能引起免疫记忆,而 TD 抗原则可产生长期的免疫记忆。

2.抗原的用量、接种次数及接种间隔时间

在一定限度内,抗体产生的量与接种的量呈正相关。但抗原用量超过一定限度时,机体产生抗体的量不再增加,即所谓的免疫麻痹;而抗原用量过少,则不能引起足够强烈的免疫应答。因此,实际工作中应按照规定用量使用疫苗。一般活疫苗用量较少,灭活疫苗用量较大。

为使机体获得较强而久的免疫力,需多次刺激机体以产生再次应答。活疫苗因其在机体内有一定程度的增殖,只需免疫一次即可;灭活苗和类毒素则应免疫 2～3 次才能产生足够的抗体。适当的时间间隔,也是产生持久免疫力的重要因素,一般灭活疫苗,间隔 7～10 d,类毒素则需间隔 6 周左右。

3.免疫途径

抗原进入机体的途径影响抗体产生的量和类型。由于大多数抗原易被消化酶水解而失去免疫原性,因此需经非口途径接种,如注射、滴鼻、点眼、吸入、刺种等。但某些弱毒苗如新城疫 Lasota 系、传染性法氏囊病疫苗等经口免疫效果也较好。经消化道如饮水、呼吸道如滴鼻、点眼等途径接种可刺激机体产生分泌型 IgA,此抗体不仅在抗感染第一线起到保护作用,而且受母源抗体影响相对较小。

(二)机体方面

动物的年龄、遗传因素、营养状况、内分泌激素以及疾病等因素均可影响抗体的产生。除先天性免疫功能低下的个体外,大多数机体只要营养良好,都能产生足够的抗体。但是幼小动物因免疫系统尚未成熟、老龄动物免疫功能逐渐下降、营养不良的机体免疫系统发育不良、处于感染状态的动物免疫系统受到损害,都可影响抗体的产生。此外,处于特殊生理时期如妊娠的动物,抗体的产生也受一定影响。

在影响幼小动物免疫效果的因素中,母源抗体有举足轻重的作用。母源抗体,是指幼小动物通过胎盘、初乳、卵黄等从母体获得的抗体。一方面,母源抗体可帮助幼小动物抵抗感染,如新生的仔猪在 3 个月内对猪丹毒杆菌、新生羔羊对布鲁氏菌具有较强的不感受性,原因即是获得了母源抗体。但母源抗体对免疫接种后机体的免疫应答有严重干扰,故在实际工作中,如何扬利除弊地利用母源抗体的抗感染作用,避免其对免疫的干扰,对做好防疫工作十分重要。

五、体液免疫应答的生物学效应

由抗体发挥的免疫效应在大多数情况下表现为免疫保护作用，但有时也会造成机体的病理损伤。抗体的免疫效应归纳如下：

1. 中和作用

由病毒刺激机体产生的抗体，可以与病毒表面抗原发生特异性结合，使病毒失去对细胞的感染性，称为病毒的中和作用。针对病毒的抗体与相应的病毒结合后可阻止病毒与靶细胞的结合，在细胞外的病毒易于被抗体等体液因素及吞噬细胞消灭。体内针对细菌毒素的抗体与相应毒素结合后，可改变毒素分子的构型而使其失去毒性作用；同时，毒素与抗体的复合物也易于被单核巨噬细胞所吞噬，从而发挥中和作用。

2. 调理作用

抗体以其抗原结合位点与病原菌表面的抗原结合，形成细菌-抗体复合物，或者激活补体形成细菌-抗体-补体复合物，然后以其 Fc 段与吞噬细胞表面的 Fc 受体结合，从而促进吞噬细胞对病原菌的吞噬作用。

3. 激活补体

抗体与病原体结合后可经经典途径激活补体，在病原体表面形成膜攻击复合物而使病原体细胞溶解死亡，即免疫溶解作用。补体激活所产生的活化片段也可发挥调理作用，促进抗原的清除。

4. 局部黏膜免疫作用

由黏膜固有层中浆细胞产生的分泌型 IgA 可阻止病原微生物对黏膜上皮的吸附，是抵抗从呼吸道、消化道和泌尿生殖道感染的病原微生物的主要防御力量。

5. 抗体依赖性细胞介导的细胞毒性作用（ADCC）

一些效应性淋巴细胞（如 K 细胞、NK 细胞等），其表面具有抗体分子的 Fc 片段的受体，当抗体分子与病毒感染的细胞、肿瘤细胞等靶细胞结合后，效应细胞就可借助 Fc 受体与抗体的 Fc 片段结合，从而发挥其细胞毒作用，杀伤靶细胞。

6. 免疫损伤作用

抗体在体内引起的免疫损伤主要是介导由 IgE 参与的Ⅰ型和由 IgG、IgM 参与的Ⅱ和Ⅲ型变态反应，以及一些自身免疫疾病。

7. 对病原微生物生长的抑制作用

一般而言，细菌的抗体与细菌结合后，不会影响其生长和代谢，仅表现为凝集和制动现象，只有支原体和钩端螺旋体与抗体结合后可表现出生长抑制作用。

任务三　细胞免疫应答的认知

一、细胞免疫应答的概念

细胞免疫应答是指 T 细胞在抗原的刺激下增殖分化为效应性 T 细胞并产生细胞因子，从而发挥免疫效应的过程。广义的细胞免疫应答还包括巨噬细胞的吞噬作用、K 细胞和 NK 细胞介导的细胞毒作用。

二、细胞免疫应答的过程

细胞免疫应答同体液免疫应答一样先要经过对抗原的识别，但 T 细胞一般只能结合肽类抗原，其他异物和细胞性抗原等需经抗原递呈细胞的吞噬，将其消化降解成抗原肽，再与 MHC 分子结合成复合物，然后表达于抗原递呈细胞表面，供 T 细胞识别。T 细胞识别抗原信息后活化、增殖、分化出各种类型的效应性 T 细胞，并产生多种细胞因子，完成细胞免疫效应。

三、细胞免疫效应

细胞免疫效应主要由 T_C 和 T_D 介导，并依赖于多种免疫细胞和细胞因子的共同参与。

（一）T_C 介导的细胞毒效应

T_C 细胞在体内以非活化的前体细胞形式存在，需经抗原刺激，并接受 Th 细胞释放的 IL-2 等细胞因子的作用，才能分化为效应细胞。活化的 T_C 释放穿孔素和数种溶细胞酶到靶细胞，使靶细胞膜溶解，并断裂靶细胞的 DNA。T_C 的细胞毒效应在抗病毒感染、抗肿瘤和同种异体移植排斥反应中有重要作用。

（二）T_D 介导的炎症反应

T_D 在体内也是以非活化的前体细胞形式存在，其活化过程类似 T_C，需抗原刺激和 IL-2 等细胞因子的双重刺激，增殖分化为效应性 T 细胞，活化的 T_D 释放多种淋巴因子，作用于数种细胞，呈现多方位的效应。其中，主要有淋巴因子吸引以巨噬细胞为主的多种细胞聚集在局部，巨噬细胞发挥强大的吞噬和杀伤作用，某些淋巴因子作用于淋巴细胞，起着扩大反应范围和强度的作用。

致敏 T_D 必须由同种抗原激发才能释放淋巴因子，因此上述炎症反应的诱发是抗原特异性的，但淋巴因子及被淋巴细胞动员的巨噬细胞的作用无特异性。

（三）细胞因子及其生物学活性

细胞因子（CK）是指由免疫细胞，如单核巨噬细胞、T 细胞、B 细胞、NK 细胞等和某些非免疫细胞受抗原或丝裂原刺激后合成和分泌的一类高活性多功能的蛋白质多肽分子。细胞因子作为细胞间信号传递分子，主要介导和调节免疫应答及炎症反应，刺激造血功能并参与组织修复等。

现已鉴定的细胞因子有近百种，功能十分复杂，尚无统一的分类方法。现就与免疫学关系比较密切的细胞因子简单介绍如下。

1. 干扰素（IFN）

干扰素由多种细胞产生，根据其来源和理化性质分为Ⅰ型干扰素和Ⅱ型干扰素。Ⅰ型干扰素主要包括 IFN-α 和 IFN-β，前者来源于病毒感染的白细胞，后者由病毒感染的成纤维细胞产生。Ⅱ型干扰素即 IFN-γ，由抗原刺激 T 细胞和 NK 细胞产生。Ⅰ型干扰素具有很强的抗病毒和抗肿瘤作用，Ⅱ型干扰素，主要发挥免疫调节作用。

2. 白细胞介素（IL）

白细胞介素是指由免疫系统分泌的主要在白细胞间发挥免疫调节作用的一类细胞因子，并按发现的先后顺序命名为 IL-1、IL-2、IL-3 等，至今已报道了 23 种 IL。

白细胞介素的生物学特性有以下几点：(1)调节自然免疫功能，如 IL-1、IL-6、IL-10、IL-12、IL-15、IL-19；(2)调节特异性免疫功能，如 IL-2、IL-4、IL-13；(3)刺激造血，如 IL-3、IL-7、IL-11。白细胞介素的来源及其功能见表 5-1。

表 5-1　白细胞介素的种类与功能

(李舫，2006，动物微生物与免疫技术)

名称	主要产生细胞	主要生物学作用
IL-1	单核细胞、巨噬细胞、成纤维细胞	促进 T、B 细胞增殖、分化和抗体生成；诱导 IL-2、IL-6 的产生；调节成纤维细胞增殖，有助于炎症局部组织的纤维化
IL-2	Th1 细胞、Tc 细胞、部分 B 细胞和 NK 细胞	诱导 T、B 细胞增殖、分化及效应物质生成；增强 Tc 和 NK 细胞活性，增强其杀伤效应；具有明显的抗肿瘤作用
IL-3	T 细胞	促进早期造血干细胞生长
IL-4	Th2 细胞、肥大细胞	促进 B 细胞增殖；诱导 IgE 产生；促进肥大细胞增殖；增强巨噬细胞活性
IL-5	Th2 细胞、肥大细胞	诱导 T、B 细胞和嗜酸性粒细胞的增殖与分化
IL-6	单核细胞、巨噬细胞、Th2 细胞、成纤维细胞	诱导 B 细胞终末分化，促进抗体合成；促进 Tc 细胞成熟；诱导肝细胞生成急性期蛋白
IL-7	骨髓和胸腺基质细胞	促进前 B 细胞和活化的 T 细胞增殖与分化
IL-8	单核细胞、巨噬细胞等	趋化作用与炎症反应；激活中性粒细胞
IL-9	活化的 T 细胞	协同 IL-3 和 IL-4 刺激肥大细胞生长
IL-10	巨噬细胞、Th2 细胞、B 细胞、$CD8^+$ T 细胞	抑制巨噬细胞；抑制 Th1 细胞分泌细胞因子；促进 B 细胞增殖和抗体生成
IL-11	基质细胞	单独或与其他因子协同刺激骨髓造血干细胞的增殖与分化
IL-12	B 细胞、巨噬细胞、Th1、Th2 细胞	促进 Tc 和 NK 细胞增殖、分化；增强其杀伤性
IL-13	活化 T 细胞	促进 B 细胞增殖和分化；促进 NK 细胞产生 IFN-γ，抑制单核细胞产生的炎性分子的分泌
IL-14	活化 T 细胞	诱导活化的 B 细胞增殖；抑制丝裂原诱生 Ig
IL-15	T 细胞等	诱导 T、B 细胞增殖、分化
IL-16	$CD8^+$ T 细胞	趋化 $CD4^+$ T 细胞；诱导 $CD4^+$ T 细胞活化
IL-17	$CD4^+$ T 细胞	诱导人成纤维细胞分泌 IL-6 和 IL-8
IL-18	枯否细胞等	促进 Th1 细胞增殖；增强 NK 细胞的杀伤作用
IL-19	单核细胞	抗原递呈细胞具有调节和促增殖作用
IL-20	小肠细胞	促进多形核细胞移动
IL-21	T 细胞	协同刺激 T、B 细胞和 NK 细胞增殖、分化
IL-22	活化的 T 细胞	活化多种细胞
IL-23	树突状细胞	促进体细胞增殖

3. 肿瘤坏死因子(TNF)

肿瘤坏死因子是一类能使肿瘤发生出血性坏死的细胞因子。肿瘤坏死因子分为 TNF-α 和 TNF-β 两种;前者主要由活化的单核巨噬细胞产生,抗原刺激的 T 细胞、活化的 NK 细胞和肥大细胞也可分泌 TNF-α。TNF-β 主要由活化的 T 细胞产生,又称淋巴毒素。肿瘤坏死因子的主要功能是参与机体防御反应,是重要的促炎症因子和免疫调节因子,抗肿瘤作用只是其功能的一部分。

4. 集落刺激因子(CSF)

集落刺激因子是指能够刺激多能造血干细胞和不同发育分化阶段的造血干细胞进行增殖分化,并在半固体培养基中形成相应细胞集落的细胞因子。

5. 生长因子(GF)

生长因子是指具有刺激细胞生长作用的细胞因子。

四、细胞免疫应答的生物学效应

机体的细胞免疫效应是由 CTL 和 TD 细胞以及细胞因子体现的,主要表现为抗感染作用及抗肿瘤效应。此外,细胞免疫也可引起机体的免疫损伤。

(1)抗感染作用　主要针对胞内感染的细菌,如结核分枝杆菌、布鲁氏菌等;还包括抗病毒、真菌、寄生虫感染等。

(2)抗肿瘤作用　通过 CTL 的特异性杀伤作用、巨噬细胞的作用、细胞因子直接或间接作用,发挥杀肿瘤效应。

(3)免疫损伤作用　参与Ⅳ型变态反应、移植排斥反应;另外,某些自身免疫病的发生与发展也与此有关。

【复习与思考】

1. 解释下列名词:免疫应答、体液免疫、细胞免疫、ADCC、细胞因子。
2. 简述影响抗体产生的因素。
3. 体液免疫应答的生物学功能有哪些?
4. 细胞免疫应答的生物学功能有哪些?
5. 简述免疫应答的基本过程。
6. 简述抗体产生的一般规律。

项目六

变态反应的认知

【学习目标】

知识目标

◆ 掌握变态反应的基本类型。
◆ 掌握变态反应各型反应的特点。
◆ 熟悉各型变态反应的发生机制。
◆ 熟悉各型变态反应的常见疾病。
◆ 了解变态反应的防治原则。

能力目标

◆ 能根据各型变态反应的原理和特点分析、判定各型变态反应。
◆ 能根据变态反应性疾病判定变态反应的类型。
◆ 会根据常见变态反应性疾病确定治疗原则。

素质目标

◆ 培养学生辩证思维的能力。
◆ 培养学生善于思考、严谨务实的职业素质。
◆ 培养坚定理想信念、爱岗敬业、团结协作的无私奉献精神。

【必备知识】

变态反应也叫超敏反应，是指机体免疫系统在某些抗原初次应答后，再次接受相同抗原刺激时做出的过于强烈或不适当的并导致组织器官损伤的免疫反应。它是以机体生理功能紊乱或组织细胞损伤为主要特征的特异性免疫应答，表现出各种特征的免疫病理损伤过程。

引起变态反应的抗原称为变应原。完全抗原、半抗原或小分子的化学物质均可成为变应原，如异种动物血清、异种动物组织细胞、病原微生物、寄生虫、动物皮毛、药等，可通过消化道、呼吸道、皮肤、黏膜等途径进入动物体内，导致机体出现变态反应。

变应原可以是来自体外的抗原物质（外源性物质），也可是机体自身已发生改变的组织细胞成分（内源性物质）。

机体参与变态反应的免疫物质，包括某些特异性抗体、致敏淋巴细胞及其所产生的淋巴因子等。

变态反应发生的过程，可分为两个阶段：第一阶段为致敏阶段，当机体初次接触变应原后，产生相应的抗体（主要是 IgE，其次是 IgG、IgM）或致敏淋巴细胞及淋巴因子，经一个潜伏期（一般为 2～3 周）动物进入致敏状态；第二阶段为反应阶段，当致敏状态的机体再次接触同一种变应原时，机体被激发产生变态反应。

根据变态反应中参与的细胞和活性物质、损伤组织器官的机理和产生反应所需时间长短的不同等，将变态反应分为Ⅰ型、Ⅱ型、Ⅲ型、Ⅳ型四个型，即过敏反应（Ⅰ型）、细胞毒型变态反应（Ⅱ型）、免疫复合物型变态反应（Ⅲ型）和迟发型变态反应（Ⅳ型）。其中前三型是由抗体介导的，反应发生较快，称速发型变态反应；Ⅳ型则是 T 细胞介导的，与抗体无关，反应发生较慢，至少 12 h 以后发生，故称迟发型变态反应。变态反应的类型及特点见表 6-1。

表 6-1　变态反应的类型和特点

类型	参加成分		反应速度		特点
	效应分子	效应细胞	开始	反应高峰/h	
Ⅰ型	IgE	肥大细胞 嗜碱性粒细胞 嗜酸性粒细胞 血小板	数分钟内	1/4～1/2	①很快出现反应高峰 ②IgE 为亲细胞性抗体，无补体及淋巴因子参与 ③有功能障碍，无组织损伤 ④有个体差异和遗传倾向
Ⅱ型	IgG IgM 补体	单核巨噬细胞 嗜中性粒细胞 K 细胞 NK 细胞	数小时内		①达到反应高峰较快 ②发生过程中有细胞性抗原 ③有抗体及补体参与，无淋巴因子参与 ④有个体差异和遗传倾向
Ⅲ型	IgG IgM 补体	嗜中性粒细胞 嗜碱性粒细胞 单核巨噬细胞 血小板	数小时内	18	①达到反应高峰较慢 ②由抗原-抗体复合物引起，抗原为可溶性分子 ③有抗体及补体参与，无淋巴因子参与 ④既有功能障碍，又有组织损伤
Ⅳ型	细胞因子	T 淋巴细胞 单核巨噬细胞 粒细胞 NK 细胞	12～24 h	48～72	①反应的开始及高峰出现极慢 ②无明显个体差异 ③与抗体及补体无关，属细胞免疫 ④既有功能障碍，又有组织损伤

任务一　Ⅰ型变态反应的认知

一、主要特点

Ⅰ型变态反应也称速发型变态反应、过敏反应，是指被致敏的机体再次接触相同的变应原时，在数分钟至数小时内出现的反应。过敏反应在临床上最常见。引起反应的变应原也称过敏原，在临床上有很多种，如异种血清、生物提取物（花粉、胰岛素、肝素、脑垂体后叶提取物）、疫苗、半抗原性药物(抗生素)、有机碘、尘埃、油漆等。

过敏反应的特点是由 IgE 介导,肥大细胞和嗜碱性粒细胞等效应细胞以释放生物活性介质的方式参与反应;发生快,消退也快;反应局限在某一系统,有时也呈全身反应常表现为生理功能紊乱,但无严重的组织损伤,严重的会引起过敏性休克,有明显的个体差异和遗传倾向。

二、发生机制

过敏原首次进入机体内,可刺激机体产生一种亲细胞的抗体 IgE。IgE 可吸附于皮肤呼吸道(鼻、气管、支气管)和消化道黏膜组织中的肥大细胞、血液中的嗜碱性粒细胞等细胞表面,使机体呈致敏状态。当致敏机体再次接触同种过敏原时,过敏原与吸附在细胞表面的 IgE 结合,导致细胞内的分泌颗粒迅速释放出各种生物活性物质,如组织胺、5-羟色胺、缓激肽、过敏毒素等,这些活性介质作用于相应器官,可导致平滑肌收缩、毛细血管扩张、血管通透性增强、腺体分泌增多等反应。若反应发生在皮肤,则引起荨麻疹、皮肤红肿等;若反应发生在呼吸道,引起呼吸困难、哮喘、肺水肿等;发生在胃肠道引起呕吐、腹痛和腹泻;发生在全身则表现血压下降,可引起过敏性休克,甚至死亡(图 6-1)。

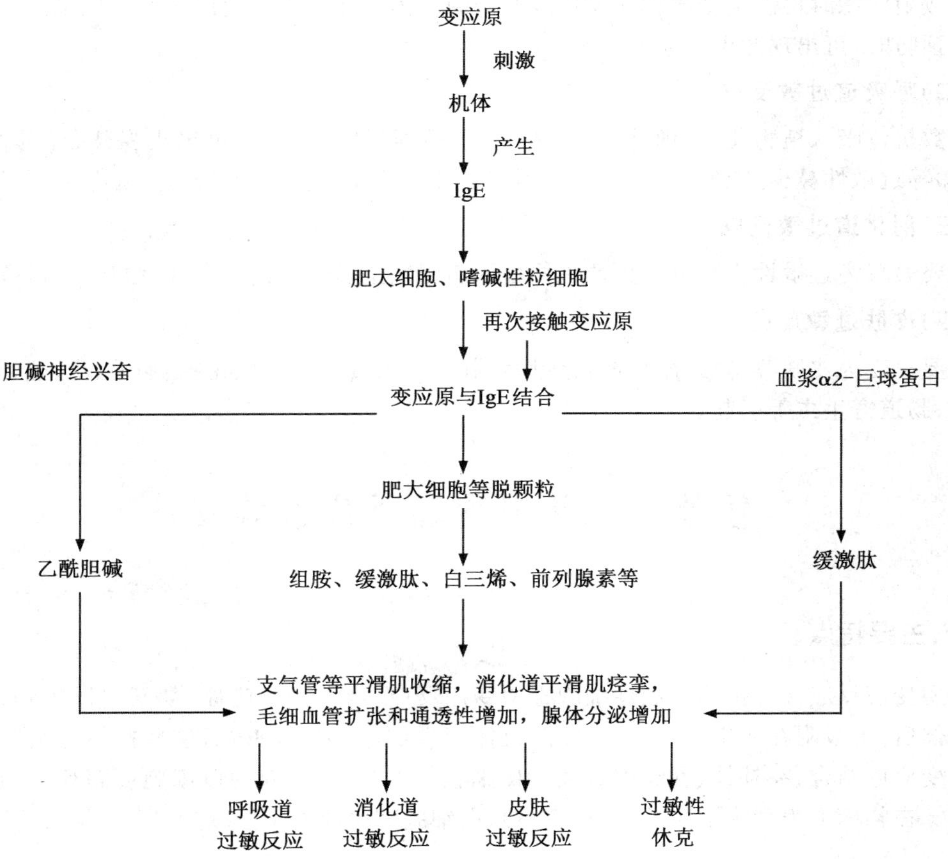

图 6-1 Ⅰ型变态反应图解

三、常见疾病

(一)过敏性休克

过敏性休克是最严重的一种Ⅰ型变态反应性疾病,主要由药物或异种血清引起。

1.药物过敏性休克

以青霉素引起者最为常见。青霉素本身无免疫原性,但其降解产物青霉噻唑酸和青霉烯酸可与机体内的蛋白质结合获得免疫原性,进而刺激机体产生IgE,使之致敏。当机体再次接触青霉噻唑酸或青霉烯酸后,可诱发过敏反应,严重者导致过敏性休克,甚至死亡。在临床中,有的动物机体初次注射青霉素就能发生过敏性休克,这可能是曾经吸入过青霉菌孢子或使用过被青霉素污染的注射器等医疗器械,机体已处于致敏状态之故。其他药物如普鲁卡因、链霉素、有机碘等,偶尔也可引起过敏性休克。

2.血清过敏性休克

血清过敏性休克又称血清过敏症或再次血清病。常发生于曾用过动物免疫血清的机体,机体在致敏状态时再次接受同种动物免疫血清的个体。如临床上使用破伤风抗毒素进行治疗或紧急预防时,可出现此种反应。

(二)呼吸道过敏反应

少数机体吸入植物花粉、细菌、动物皮屑、尘螨等抗原物质时,可出现发热、鼻部发痒、喷嚏、流涕等过敏性鼻炎,或发生气喘、呼吸困难等外源性支气管哮喘等。

(三)消化道过敏反应

主要表现为过敏性胃肠炎。少数机体食入鱼、虾、蟹、蛋等,出现呕吐、腹痛、腹泻等症状。

(四)皮肤过敏反应

主要表现为皮肤荨麻疹、湿疹或血管性水肿。可由食物、药物、花粉、羽毛、冷、热、日光、感染病灶、肠道寄生虫等引起。

任务二　Ⅱ型变态反应的认知

一、主要特点

Ⅱ型变态反应又称抗体依赖性细胞毒型变态反应,当某些变应原(如某些微生物或药物)进入机体后,可吸附在血细胞表面,并刺激机体产生抗体IgG或IgM,这些抗体与吸附在细胞表面的变应原结合,在补体、吞噬细胞及NK细胞等参与下,引起的以细胞裂解死亡为主的病理损伤。在临床上表现为溶血性贫血(黄疸)、白细胞减少或血小板减少等。

二、发生机制

本型变态反应的变应原可以是受侵害细胞本身的表面抗原,如血型抗原,也可以是吸附在细胞表面的外来抗原,如药物半抗原、荚膜多糖、细菌内毒素脂多糖等。这些变应原均可刺激机体产生细胞溶解性抗体——IgG 和 IgM，这些抗体与吸附在靶细胞(红细胞、白细胞、血小板)上的半抗原或抗原结合，形成抗原-抗体-细胞复合物，可激活补体系统，引起细胞溶解或被单核吞噬细胞吞噬，导致组织损伤及功能障碍(图 6-2)。

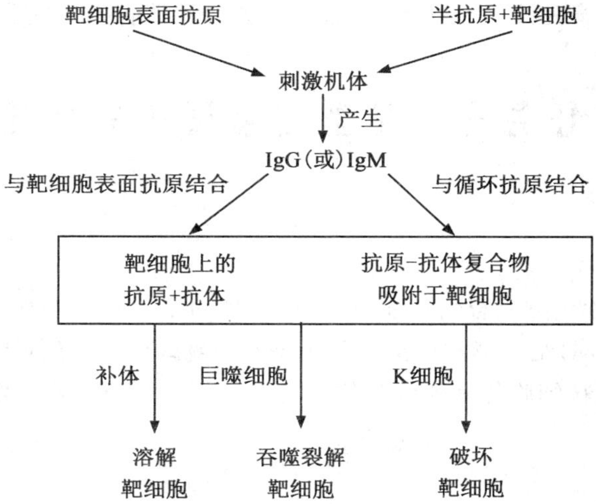

图 6-2　Ⅱ型变态反应图解

三、常见疾病

(一)不相容输血的反应

红细胞可以从一个动物输给另一个动物。如果供体红细胞与受体红细胞的血型一致则不引起免疫反应。如果受体含有针对供体红细胞抗原的抗体，则会引起输血反应，即红细胞与抗体结合而凝集，并激活补体系统，产生血管内溶血：在局部则形成微循环障碍等。此种反应产生的抗体通常为 IgM。

(二)初生幼畜溶血性疾病

母畜对同种异体红细胞的致敏不但可以通过不相容性输血引起，还可通过胎儿红细胞经胎盘向母体血流的渗漏所引起。致敏母畜的初乳中含有很高浓度的抗胎儿红细胞抗体，初生幼畜可从初乳摄入母源抗体，并经肠壁吸收而到达血液循环，此抗体与初生幼畜红细胞上的抗原结合，在补体作用下迅速裂解红细胞，结果导致初生幼畜的溶血症。此种反应产生的抗体通常为 IgG。

(三)由药物引起的Ⅱ型变态反应

某些药物可以牢固地与细胞特别是与红细胞结合，如青霉素、奎宁、*L*-甲基多巴、氨基水杨酸和非那西汀等均可吸附于红细胞表面，使红细胞表面抗原发生改变，而被当作外来异物引起免疫反应，导致溶血性贫血；磺胺类药物、氨基比林、苯基丁氮酮、非那嗪奈和氯霉素等可结合到粒细胞上，从而引起粒细胞缺乏；而苯基丁氮酮、奎宁、司眠脉、氯霉素和磺胺类药物等还可引起血小板减少症。这种反应产生的抗体为 IgG 和 IgM。

(四)传染病的Ⅱ型变态反应

某些传染病病原体如沙门菌的脂多糖、马传染性贫血病毒、阿留申病病毒、附红细胞体、锥虫和巴贝西焦虫等的某些抗原成分，可以吸附在宿主的红细胞上，而被机体免疫系统当作外来异物清除，从而引起自身免疫溶血性贫血，这是临诊病例严重贫血的原因。

任务三　Ⅲ型变态反应的认知

一、主要特点

Ⅲ型变态反应又称免疫复合物型变态反应，该型的主要特点是血液循环中的可溶性抗原与相应的抗体（IgG、IgM）结合形成可溶性的免疫复合物，在一定条件下沉积于组织，通过激活补体并在血小板、中性粒细胞等其他细胞的参与下，引起血管壁及其周围组织的炎症反应，此反应有个体差异。

二、发生机制

抗原如某些病原微生物、异种血清进入机体，产生相应的抗体（IgG、IgM），抗原与相应抗体结合形成抗原-抗体复合物，即称免疫复合物。由于抗原与抗体比例不同，所形成的免疫复合物的大小和溶解性也不同。当抗体量大于抗原量或两者比例相当时，可形成分子较大的不溶性免疫复合物，易被吞噬细胞吞噬而清除；当抗原量过多时，则形成较小的可溶性免疫复合物，它能通过肾小球滤过，随尿液排出体外。所以，以上两种情况对机体都没有损害。只有当抗原略多于抗体时，可形成中等大小（相对分子质量约为 1 000）的免疫复合物，它既不易被吞噬细胞吞噬，又不能通过肾小球滤过随尿液排出体外，故会较长时间地存留在血流中，刺激血管壁产生活性因子，引起血管壁通透性增加，复合物渗出，嵌于血管壁、肾小球、关节滑膜和皮肤等组织上，激活补体，引起相应组织器官的水肿、出血、炎症和局部组织坏死等一系列反应（图 6-3）。

三、常见疾病

(一)局部Ⅲ型变态反应

1. Arthus 反应

如果将抗原皮下注射于带有相应沉淀性抗体的动物，则于几小时内在接种部位发生急性炎症反应。炎症反应以红斑和水肿开始，最终发生局部出血和血管栓塞，严重的则发生坏死。这种反应最初由 Arthus 给家兔和豚鼠注射马血清时发现的，故称为 Arthus 反应，其发病的原因是局部的抗原多于抗体，它们形成中等大小的免疫复合物，沉积于注射局部的毛细血管壁上，并激活补体，引起嗜中性粒细胞聚集等一系列反应。

2. 犬的蓝眼病

犬的蓝眼病是因犬Ⅰ型腺病毒感染或活疫苗接种所致。蓝眼病的病变包括暂时性眼前房色素层炎、角膜水肿和浑浊。角膜有嗜中性粒细胞浸润，病变部通过间接荧光抗体法可查到病毒和抗体的复合物。此病发生于感染后 1～3 周，随着病毒的清除而自然消退。

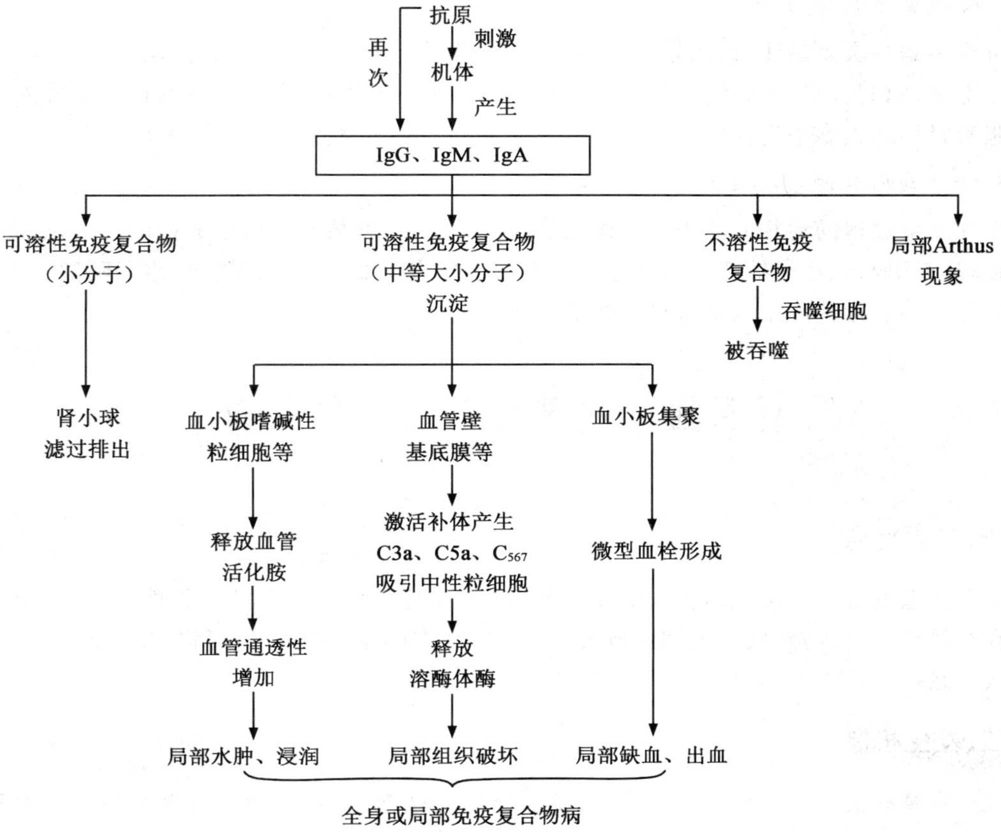

图 6-3　Ⅲ型变态反应图解

3.过敏性肺炎

当高度致敏的动物再次吸入相应抗原时，肺部可发生局部性Ⅲ型变态反应。如一些干草上多孢菌大量繁殖，形成无数极小的孢子。它们如被吸入，可达到肺泡，并可刺激产生高滴度的沉淀抗体，导致间质性肺炎。

4.犬的葡萄球菌性变态反应

犬的葡萄球菌性变态反应是一种慢性的皮炎，表现为皮脂溢出、深部或趾间疖病和脓疱病等。组织学检查发现其真皮呈嗜中性粒细胞增多的血管炎，同时经葡萄球菌抗原皮肤试验，表明这种病是属于Ⅲ型变态反应。

（二）全身Ⅲ型变态反应

1.急性血清病

动物在初次大量接受异种血清注射后，经 8～12 d 潜伏期，循环中出现相应抗体（IgG、IgM），而初次注射的抗原尚未完全清除，二者结合形成可溶性免疫复合物，此复合物可激活补体，引起全身性血管炎，皮肤红斑、水肿和荨麻疹，嗜中性粒细胞减少、淋巴结肿大，关节肿大和蛋白尿。反应通常可在几天内恢复。

2. 慢性血清病

抗原不是一次大量注射，而是多次小量注射，可引起两种类型的肾脏损伤。一种是复合物沉积于上皮，引起肾小球基底膜明显变厚，称为膜性肾小球病；一种为弥散性肾小球肾炎，以内皮细胞和肾小球细胞增生并伴有不同数量的炎性细胞浸润为特征。

3. 传染病引起的Ⅲ型变态反应

慢性感染过程的动物血清中可出现大量抗体，它们与释放到血液中的抗原结合，形成免疫复合物，从而引起以肾小球肾炎为特征的Ⅲ型变态反应。如马传染性贫血、水貂阿留申病和非洲猪瘟等慢性病毒性传染病都有这一特征。

任务四　Ⅳ型变态反应的认知

一、主要特点

由于Ⅳ型变态反应出现迟于以上 3 个型，故又名迟发型变态反应。本型反应的特点是无抗体和补体参加，而与致敏淋巴细胞有关，属细胞免疫范畴；反应发生缓慢，持续时间长，一般于再次接触抗原后 12～48 h 反应达最高峰。

二、发生机制

机体在某些抗原如结核分枝杆菌、副结核分枝杆菌、布鲁氏菌、鼻疽杆菌等初次刺激下，体内 T 细胞分化为致敏淋巴细胞和记忆细胞，使机体进入致敏状态，这一时期需要 1～2 周，当机体再次与相同抗原接触时，致敏淋巴细胞释放出多种淋巴因子，吸引和激活吞噬细胞向抗原集中，并加强吞噬，形成以单核细胞、淋巴细胞等为主的局部浸润，导致局部组织肿胀、化脓甚至坏死等炎性变化。抗原被消除后，炎症消退，组织即恢复正常（图 6-4）。

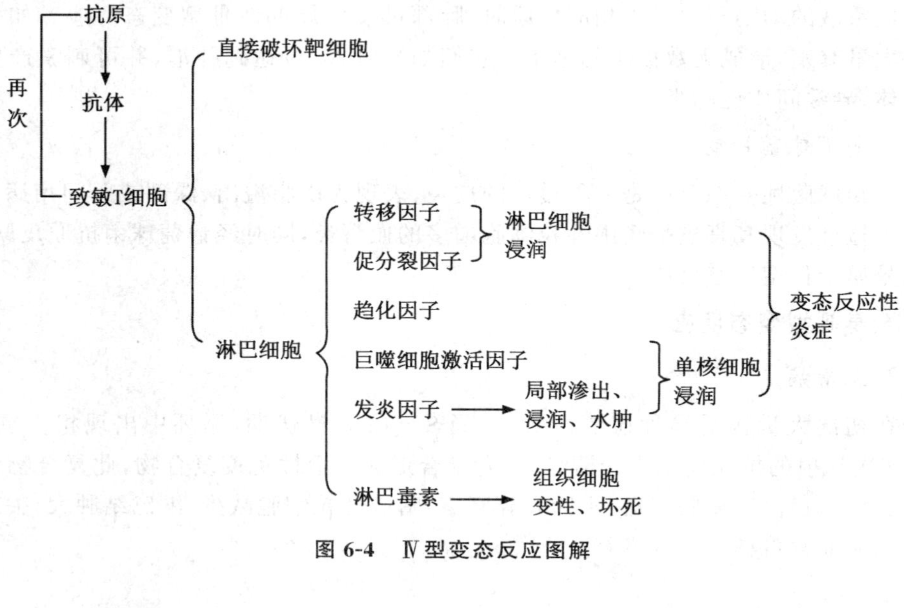

图 6-4　Ⅳ型变态反应图解

三、常见疾病

(一)传染性变态反应

由于患某种传染病而引起的迟发型变态反应称为传染性变态反应。最典型的例子是结核分枝杆菌感染引起局灶性的慢性炎症过程，其实质是一种迟发型变态反应，布鲁氏菌病、马鼻疽等的病理过程也都是如此。此外，野兔热、马流行性淋巴管炎和钩端螺旋体引起的慢性间质性肾炎也都属于迟发型变态反应。

应用上述病原体的抽提物皮内接种感染动物时，可在注射局部引起迟发型变态反应，故将此用于这些传染病的诊断和检验。如结核菌素试验，当感染动物以 0.1 mL(10^5 U/mL)剂量结核菌素皮内接种后，在 72 h 局部出现红肿皮肤，肿胀厚度差≥4 mm，而未感染动物皮肤肿胀厚度差<2 mm。

(二)变态反应性接触性皮炎

组织细胞接触某种化学物质，细胞蛋白质可与此化学物质形成复合物，因而被当作异物，引起细胞免疫应答。如果这些反应发生于皮肤，就引起变态反应性接触性皮炎。

引起变态反应性接触性皮炎的化学物质通常都是简单的物质，如甲醛、苦味酸、苯胺染料、植物树脂、有机磷及金属盐等。这种皮炎在犬最为常见，有些犬甚至不发生通常对花粉蛋白的Ⅰ型变态反应，而对花粉、树脂产生Ⅳ型变态反应性接触性皮炎。

上述四型变态反应可同时存在于同一个体，同一种变应原亦可能引起不同型的变态反应。如青霉素可引起过敏性休克(Ⅰ型)、溶血性贫血(Ⅱ型)、血清病样反应(Ⅲ型)、接触性皮炎(Ⅳ型)。

任务五　变态反应的防治原则

一、预防原则

(一)查明变应原，避免接触

查明变应原，避免与之接触，是变态反应最理想的预防方法。可通过询问病史或进行皮肤试验查明变应原。对已确定的变应原，如青霉素等药物或食物，要禁用。预防或控制感染可减少免疫复合物病的发生。

(二)脱敏疗法、减敏疗法和药物治疗

1.脱敏疗法

对于皮肤试验阳性但又必须使用异种动物免疫血清者，可采用短期内小剂量多次注射的方法。主要是避免血清过敏症的发生。方法是在给动物大剂量注射血清之前，先少量多次皮下注射血清(0.2～2 mL/次)，间隔 15 min 后再注射中等剂量血清(10～100 mL/次)，若无严重反应，15 min 后可注射全量血清。其原理可能是小剂量变应原虽然可引起肥大细胞和嗜碱

性粒细胞脱颗粒，但由于每次产生的生物活性介质较少，在机体拮抗Ⅰ型变态反应机制作用下，不引起明显的症状，而连续多次注射可导致体内致敏肥大细胞及嗜碱性粒细胞的耗竭，此时可大剂量使用异种动物免疫血清而不会引起变态反应。但这种脱敏是暂时的，很快会重建致敏状态，以后再用异种免疫血清时，仍需做皮肤试验。

2. 减敏疗法

对已检出而难以避免接触的变应原，可采用少量多次反复注射的方法来消除机体的致敏状态，这种方法称为减敏疗法。其机制可能是：①引起 IgG 类循环抗体产生，这些高亲和力的抗体可与进入机体的变应原特异性结合并将其清除，阻断变应原与肥大细胞、嗜碱性粒细胞表面 IgE 的结合，从而阻断Ⅰ型变态反应的发生；②诱发特异性 Ts 细胞的作用。

二、治疗原则

针对变态反应的发生机制，选择不同的药物以阻断或干扰某个环节，抑制变态反应，达到治疗目的。

(一)阻止生物活性介质的释放

1. 稳定肥大细胞膜

色甘酸钠、肾上腺糖皮质激素可稳定肥大细胞膜，防止肥大细胞脱颗粒及释放生物活性介质。

2. 提高细胞内 cAMP 浓度

变应原与肥大细胞上 LgE 结合后，对细胞膜上腺苷酸环化酶具有抑制作用，能降低细胞内 cAMP 浓度，从而导致组胺等生物活性介质释放。儿茶酚胺类药物和氨茶碱均能通过不同的作用环节提高细胞内的 cAMP 浓度，抑制生物活性介质的释放。

(二)拮抗生物活性介质

苯海拉明、氯苯那敏、异丙嗪等药物，能与组胺竞争靶细胞膜上的组胺受体而影响组胺的作用；阿司匹林为缓激肽拮抗药；多根皮苷酊有拮抗白三烯的作用。

(三)改变效应器官的反应性

常用的肾上腺素、麻黄碱不仅可解除支气管痉挛，而且可减少腺体分泌；葡萄糖酸钙、氯化钙、维生素 C 等除具有解痉、降低毛细血管通透性作用外，还可以减轻皮肤及黏膜的炎症反应。

(四)免疫抑制疗法

肾上腺皮质激素具有明显的抗炎和免疫抑制作用，它可抑制巨噬细胞的趋化作用，阻止巨噬细胞对抗原的摄取和处理，阻止巨噬细胞释放 IL-1；在一定浓度下，可抑制淋巴细胞 DNA 复制。此外，尚能稳定肥大细胞和嗜碱性粒细胞的细胞膜，使 cAMP 浓度升高，阻止血管活性介质的释放，抑制变态反应的发生。常用于Ⅰ型、Ⅲ型变态反应性疾病如过敏性休克、肾小球肾炎等的治疗。

【复习与思考】

1.解释名词:变态反应、变应原、传染性变态反应。

2.变态反应与免疫反应有何异同?

3.变态反应有哪些主要类型?

4.在变态反应发生过程中有哪些类型的抗体参与?

5.如何防止变态反应的发生?

项目七

抗感染免疫的认知

【学习目标】

知识目标

◆ 掌握非特异性免疫与特异性免疫在抗感染免疫中的作用。

◆ 掌握抗细菌感染免疫的基础知识。

◆ 掌握抗病毒感染免疫的基础知识。

◆ 掌握抗真菌感染免疫的基础知识。

◆ 掌握抗寄生虫感染免疫的基础知识。

能力目标

◆ 熟悉抗感染免疫的方式和机制。

◆ 能根据常见病原体的感染现象分析发生机理。

素质目标

◆ 培养学生辩证思维的能力。

◆ 培养学生善于思考、严谨务实的职业素质。

◆ 培养坚定理想信念、爱岗敬业、团结协作的无私奉献精神。

【必备知识】

感染是指病原体侵入机体，在体内繁殖，释放出毒素、酶，或侵入细胞组织，引起细胞组织乃至器官发生病理变化的过程。这一过程同时也交织着机体的特异性免疫应答和非特异性防御功能。当非特异性免疫不能阻止侵入的病原体生长、繁殖并加以消灭时，机体对该病原体的特异性免疫即逐渐形成，这就大大加强了机体抗感染的能力，直至感染终止。

任务一　抗细菌感染免疫的认知

病原菌侵入动物机体后，首先遇到非特异性免疫机能的抵抗，其中以细胞吞噬和炎性反应为主，随后特异性免疫产生，两者协同，共同把病原菌消灭。

细菌为单细胞微生物，其主要结构抗原存在于细胞质和细胞壁，有些细菌还有荚膜、菌毛、鞭毛等抗原，有些细菌还能分泌多种有害物质如蛋白质、毒素和毒性酶等造成机体急性感染。在细菌感染机体时，机体会通过多种方式产生抗细菌感染的免疫。

细菌感染的部位和致病力不同，引起机体发生疾病的性质也不同。第一类为细胞外寄生菌，如葡萄球菌、链球菌、沙门菌、巴氏杆菌、炭疽杆菌等，主要在吞噬细胞外繁殖，引起急性感染。它们大多具有能抵抗吞噬细胞的表面抗原结构和酶，如荚膜、溶血性链球菌的黏蛋白、伤寒杆菌的 Vi 抗原、金色葡萄球菌的凝血浆酶等。有的细胞外寄生菌侵袭力很弱，但能产生毒性很强的外毒素引起发病，如破伤风梭菌等。第二类为细胞内寄生菌，如结核分枝杆菌、布鲁氏菌、李氏杆菌、鼻疽杆菌等，被吞噬后能抵抗吞噬细胞的杀菌作用，并能在吞噬细胞内长期生存，甚至繁殖，不仅可以随吞噬细胞的移行扩散到其他部位，还可逃避体液因子和药物的作用。此类细菌多引起慢性感染。

一、抗细胞外寄生菌免疫

机体对细胞外寄生菌的抗感染免疫是一种抗体、补体、溶菌酶和吞噬细胞相互协同的以体液免疫为主的免疫反应，表现为杀菌及溶菌作用、调理吞噬作用、局部黏膜免疫作用等，细菌的外毒素则通过中和作用使其丧失致病作用。

1. 杀菌及溶菌作用

抗细胞外寄生菌的天然免疫主要是通过中性粒细胞、单核细胞和组织中巨噬细胞的吞噬作用而实现的。吞噬过程发生之前，细菌必须首先附着于吞噬细胞的表面。细菌与吞噬细胞接触后，吞噬细胞伸出伪足并将细菌包绕形成吞噬体，接着吞噬体离开细胞的边缘部并向胞浆中部移动，当遇到溶酶体时，两者融合成为吞噬溶酶体。溶酶体中含有的多种酶类和杀菌物质，如溶菌酶、酸性磷酸酶等，即可对细菌进行杀灭。

细菌抵抗细胞吞噬和消化的能力是其毒力的重要决定因素。当机体缺乏特异性抗体时，补体系统的激活对消灭细菌也有着重要的作用。在无抗体时，革兰氏阳性菌的细胞壁上的肽聚糖或革兰氏阴性菌的脂多糖均可激活补体替代途径。同时能刺激巨噬细胞、血管内皮细胞等产生 TNF-α、IL-1、IL-6 等细胞因子，诱发局部炎症以清除病菌。

2. 调理吞噬作用

对已形成荚膜的细菌，抗体直接作用于荚膜抗原，使其失去抗吞噬能力，被吞噬细胞吞噬和消化。对无荚膜的细菌，抗体作用于 O 抗原，通过 IgG 的 Fc 段与巨噬细胞上的 Fc 受体结合，以促进吞噬活性。与细菌结合的抗体（IgG 和 IgM）又可激活补体，并通过活化的补体成分，与巨噬细胞表面的补体受体结合，也可增加其吞噬作用。

在调理吞噬作用中，IgM 的作用强于 IgG 500～1 000 倍；在补体参与的溶菌作用中，IgM 的作用比 IgG 大 100 倍。因此，在初次免疫反应期间，体液中 IgM 含量虽然较少，但其免疫效率极高，是感染早期机体免疫保护的主要因素。

3. 中和作用

抗毒素能与细菌的外毒素特异性结合，使之失去活性。外毒素有两个亚单位 A 和 B，均有各自的抗原决定簇，而 A 亚单位的抗原决定簇位于深层，不易刺激机体产生抗体，只有 B 亚单位易于刺激机体产生抗体。B 亚单位的功能是与宿主细胞上相应受体结合，介导毒素 A 亚单位进入细胞并发挥毒性作用。因此，抗毒素的主要作用是与宿主细胞上 B 亚单位的受体竞争，与 B 亚单位结合，中和毒素的致病作用。但是，如果 B 亚单位已与细胞受体结合，则抗毒素的作用无法使其逆转。因此，抗毒素的应用时机和剂量对中和毒素的致病作用极其重要，在破伤风、肉毒毒素中毒等疾病治疗中及时使用足量抗毒素是十分有效的。

4.局部黏膜免疫作用

黏膜表面的分泌型 IgA 能阻止细菌吸附于上皮细胞，在局部黏膜抗感染中起着重要作用。如抗大肠杆菌 K88 或 K99 抗体可阻止大肠杆菌菌毛与肠上皮微绒毛的黏附，从而保护动物免受感染。

二、抗细胞内寄生细菌感染

细胞内寄生菌激活的天然免疫，在于它能直接激活 NK 细胞，亦可通过刺激巨噬细胞产生 IL-12 以活化 NK 细胞。NK 细胞的膜表面具有高亲和力的 IgG 的 Fc 受体，另外还具有针对各种靶细胞表面不同抗原的独特受体。当 NK 细胞识别并与靶细胞结合后，经靶细胞的作用而被活化，分泌并释放杀伤靶细胞的物质，使靶细胞溶解。一个 NK 细胞可反复杀伤多个靶细胞。活化的 NK 细胞产生的 IFN-γ，又可激活巨噬细胞使之杀灭吞入的胞内菌。

动物抵抗细胞内寄生菌主要依靠细胞免疫，体液免疫的作用不大。常见的细胞内寄生菌有布鲁氏菌、结核分枝杆菌、李氏杆菌和鼻疽杆菌等。某些棒状杆菌和沙门菌亦为细胞内感染细菌。以此类病原体制备的死菌苗常不能引发机体产生足够的保护性免疫，被动输入血清也不能获得良好的保护力。这是因为只有当细胞内寄生菌释放到细胞外时，抗体和其他体液因子才能发挥作用。

当细胞内寄生菌初次感染未免疫动物时，其巨噬细胞不具有杀死此类病原的能力，在感染后 10 d 左右动物的巨噬细胞才能获得此种能力，主要表现为巨噬细胞体积增大、代谢增强等一系列变化，这也标志着机体获得了细胞免疫功能。这是因为 T 细胞在接触细菌抗原刺激后被致敏，致敏 T 细胞分泌多种淋巴因子，从而有效杀灭细胞内寄生菌。

对结核分枝杆菌的免疫是抗细胞内寄生菌免疫的典型例子。结核分枝杆菌不产生毒素，但能在单核巨噬细胞中存活和增殖从而致病。例如，结核分枝杆菌侵入人体或牛体后，首先在局部繁殖和扩散，并在巨噬细胞内迅速繁殖，同时传播给其他巨噬细胞，还可经淋巴管或血流到达全身，这一时期机体尚未建立有效的免疫，称为无免疫期。感染后数周，机体 T 细胞被致敏活化，释放出大量淋巴因子，使正常巨噬细胞变为武装巨噬细胞，大量结核分枝杆菌被武装巨噬细胞杀死，感染被控制，这一时期被称为免疫溶解期。最后是稳定期，恒定数量的活菌存在于巨噬细胞内，巨噬细胞具有抑菌能力，可阻止细菌的细胞器生长，但不能彻底杀灭细菌，从而导致机体处于长期甚至终身感染状态。全身多处可能保留局部结核病灶。此期往往没有临床表现。但是，在机体免疫功能下降时，如妊娠期、激素治疗、患虚弱性疾病等，结核病灶中的结核分枝杆菌可重新活动起来。这种活动性结核可以抑制宿主的免疫系统，使结核病恶化。不过，卡介苗能激发动物体内细胞免疫机能，使淋巴因子和武装巨噬细胞数量增多，增强动物对结核病的特异性免疫力。如果对儿童应用卡介苗(BCG)适时进行免疫接种，能获得对结核分枝杆菌的终身免疫效果，这一技术在人类的广泛推广应用，成为预防细胞内寄生菌感染的成功范例。

任务二　抗病毒感染免疫的认知

病毒的致病机理比较复杂，机体抗病毒感染的机制也很复杂。当病毒侵入机体时，机体对病毒的抗感染作用包括非特异性抗感染免疫和特异性抗感染免疫效应。

一、非特异性免疫的抗病毒作用

机体的非特异性免疫机能首先通过先天的不感受性对病毒进行抵御，例如牛不感染马传染性贫血病毒，对于易感动物，天然屏障作用、吞噬细胞的吞噬作用以及干扰素和补体的抗病毒作用在病毒侵入时则会启动，发挥相应的阻挡、消化分解、干扰病毒的增殖等非特异性抗感染免疫作用。

二、特异性免疫的抗病毒作用

抗病毒的特异性免疫表现为以中和抗体为主的体液免疫和以 T 细胞及细胞因子为中心的细胞免疫。

1. 体液免疫的抗病毒作用

一般情况下，细胞外扩散的病毒，如口蹄疫病毒、猪水疱病病毒、脊髓灰质炎病毒等，其病毒抗原直接刺激机体的免疫细胞引发体液免疫，抗体是主要的抗感染因素，其中，分泌型 IgA 可防止病毒的局部入侵，IgG 和 IgM 能有效地中和血液中的病毒，阻断已入侵的病毒通过血液循环扩散；抗体与病毒结合后还可以引起游离病毒丛集、凝聚，促进巨噬细胞的吞噬作用；K 细胞发挥 ADCC 作用裂解靶细胞等。

2. 细胞免疫的抗病毒作用

病毒在感染细胞内或核内扩散时，例如疱疹病毒、痘病毒或肿瘤病毒，其抗原信息是通过宿主细胞膜来表达的，以细胞免疫为主。细胞毒性 T 细胞能够特异性地识别病毒和感染细胞表面的病毒抗原，杀死病毒或裂解感染细胞；致敏 T 细胞释放多种细胞因子，或直接破坏病毒，或增强巨噬细胞吞噬破坏病毒的活力，或分泌干扰素抑制病毒复制。

但是，有些病毒可以逃避宿主的免疫反应，呈持续感染状态。如牛白血病病毒能持续存在于循环中的淋巴细胞内，这类病毒感染细胞后，在感染细胞表面并不表达病毒抗原，病毒可以存在于细胞膜的内侧面，因而能逃避识别。某些病毒可以直接在淋巴细胞或巨噬细胞（如马传染性贫血病毒、猪繁殖与呼吸综合征病毒）中生长繁殖，直接破坏了机体的免疫功能。

大多数情况下，机体抗病毒感染免疫需要干扰素、体液免疫和细胞免疫的共同参与，以阻止病毒复制，消除病毒感染。

任务三　抗真菌感染免疫的认知

与细菌、病毒相比，真菌的致病力一般较弱，但它们也能通过多个途径、多种机制使机体患病。由致病性真菌和条件致病性真菌引起的疾病统称真菌病。真菌产生的一些毒素进入人体还可导致全身或某些脏器的中毒症状，有的甚至可能致癌，此外，真菌感染还可能引发各类超敏反应。

机体的抗真菌感染免疫同其他抗病原微生物感染一样，也包括非特异性免疫和特异性免疫，两者互相补充，共同配合，缺一不可。

一、非特异性免疫

完整的皮肤黏膜屏障可有效阻挡真菌及其孢子的侵入。皮脂腺分泌的脂肪酸有杀真菌的作用。正常菌群也有拮抗真菌的作用，如果滥用广谱抗生素引起菌群失调，内源性真菌就会大量生长而造成感染。

中性粒细胞具有吞噬和杀灭真菌的作用。体外试验表明，中性粒细胞可杀死白色念珠菌和烟曲霉，其杀伤机制是吞噬过程触发呼吸暴发，形成过氧化氢、次氯酸等活性氧化物质，以及释放颗粒中的防御素等。巨噬细胞在抗真菌感染中也有一定作用，但不如中性粒细胞。NK细胞有抑制新生隐球菌和巴西副球孢子菌生长的作用。

二、特异性免疫

真菌感染可诱导机体产生特异性细胞免疫和体液免疫，其中又以细胞免疫为主。特异性抗体可阻止真菌与宿主细胞或组织的黏附，并提高吞噬细胞对真菌的吞噬率。特异性细胞免疫中 $CD4^+$ T 细胞产生并释放 IFN-γ 和 IL-2 等细胞因子，激活巨噬细胞、NK 细胞和 CTL 等，参与对真菌的杀灭。AIDS、肿瘤患者和长期使用免疫抑制剂者的细胞免疫功能低下，故易受播散性真菌感染。

任务四　抗寄生虫感染免疫的认知

寄生虫感染指动物感染原虫、蠕虫和体外寄生虫等。长期以来，寄生虫感染引起的疾病一直是危害人类及动物健康的重要疫病之一。这些寄生虫，有的感染人，有的感染动物，有的为人畜共同感染，它们或引起宿主的急性死亡，或在宿主体内长期处于亚临床感染状态，逐渐降低宿主的抵抗力。早期的研究者认为，寄生虫的免疫原性不良，抗原性弱。但是深入研究表明，多数寄生虫是具有充分抗原性的，只是在长期寄生过程中，它们发展了许多使其在免疫应答存在下得以生存的机制，即免疫逃避。比如某些寄生虫生活在与免疫系统相对隔离的组织中，或者不断改变自身表面抗原，或者模拟宿主抗原加以伪装等。而且，许多寄生虫还以不同的机制导致免疫抑制；同时，真核细胞的寄生虫的抗原性比微生物复杂得多。从这种意义上讲，人类在疾病的控制方面，对寄生虫病的防治比对传染病的防治要更艰难。

一、寄生虫感染的特点

动物对寄生虫感染的免疫和其他病原体一样，也表现为体液免疫和细胞免疫。但寄生虫免疫还有其自身的特点：一是寄生虫的抗原性一般比较弱，且多表现为带虫免疫和不完全免疫；二是寄生虫虫体结构复杂，虫体抗原成分十分多样；三是寄生虫在宿主体内不同发育阶段，甚至同一发育阶段中会出现抗原的变异。寄生虫抗原的这些特点决定了机体对寄生虫免疫具有不同于微生物的特殊免疫现象，如带虫免疫、免疫逃避等，同样因为寄生虫抗原的特殊性决定了机体对寄生虫独特的免疫类型。

(一)消除性免疫

即免疫机体能够完全消除侵入体内的虫体。这种免疫在临床上很少见，如感染皮肤型利什曼病的人或犬，病愈后，对再次感染可产生完全的免疫力。接种泰勒虫苗的牛在一定时间内也可产生消除性的免疫力。提高人和动物产生抗寄生虫消除性免疫力是寄生虫工作者的主要目标。

(二)非消除性免疫

即带虫免疫，是寄生虫感染中常见的一种免疫状态，宿主不能完全消除侵入体内的虫体，少数留在体内的虫体不会对机体造成严重损害，但可以不断刺激机体产生对再感染的免疫力。

(三)缺少有效的获得性免疫

这一点在蠕虫感染中比较常见，一般宿主对消化道内的蠕虫的免疫反应都很有限，很难有效地清除虫体。另外，一些寄生在免疫细胞内的虫体(如利什曼原虫、弓形虫等)也能有效地逃避宿主的免疫清除。

二、对原虫的免疫

原虫是单细胞生物，其免疫原性的强弱取决于入侵宿主组织的程度。例如，寄生于肠道的痢疾阿米巴原虫，只有当它们侵入肠壁组织后才激发抗体的产生，与对微生物的免疫类似，机体对原虫的免疫防御，也是通过非特异性免疫和特异性免疫来实现的。

(一)非特异性免疫防御机制

抵抗原虫的非特异性免疫机制尚不十分清楚，但通常认为这种机制在性质上与在细菌病和病毒病中表现的机制相似，包括吞噬细胞的吞噬作用，炎症反应或由炎症反应包围寄生虫形成包囊。在动物体表现的抵抗寄生虫感染的非特异性免疫的免疫机制中，种的影响可能是最重要的因素。如路氏锥虫仅见于大鼠，而肌肉锥虫仅见于小鼠，两者都不引起疾病；布氏锥虫、刚果锥虫和活泼锥虫对东非野生偶蹄兽不致病，但对家养牛毒力很大。这种种属的差异可能与长期选择有关。

(二)特异性免疫防御机制

原虫刺激机体产生的特异性免疫包括体液免疫和细胞免疫。抗体通常作用于体液和组织液中游离生活的原虫，而细胞免疫则作用于细胞内寄生的原虫。

抗体对原虫的作用主要有以下几个方面：

(1)抗体与虫体结合限制其活动，并阻止其入侵易感细胞。

(2)有的抗体能抑制原虫的酶，从而抑制原虫的增殖。

(3)抗体与虫体结合后，激活补体，与吞噬细胞一起清除虫体。

(4)抗体与感染虫体的细胞结合后，可通过 ADCC 作用，杀死细胞内寄生的虫体。

(5)IgE 在抗生殖道滴虫感染中起重要作用。胎儿滴虫和组织滴虫，可刺激生殖道的局部抗体反应，尤以 IgE 的产生更为显著，IgE 不仅使局部发生Ⅰ型变态反应，不利于虫体生活，同时还使血管通透性增加，IgG到达感染部位使虫体不能活动而被清除。

对细胞内寄生的原虫，如龚地弓形虫和小泰勒虫等，以细胞免疫为主清除，其原理与结核分枝杆菌引起的免疫应答相似。致敏T细胞接触弓形虫抗原是释放淋巴因子，作用于巨噬细胞，首先使它们能抵抗弓形虫的致死效应，其次是促进溶酶体-吞噬细胞的融合，使它们能杀死细胞内的原虫。

某些原虫病如球虫病，其保护性免疫机制尚不十分清楚。鸡感染肠道寄生的巨型艾美耳球虫产生对感染有保护作用的免疫力，这种免疫力能抑制侵袭期的滋养体在肠上皮细胞内的生长。免疫鸡血清中能检出巨型艾美耳球虫的抗体，免疫鸡的吞噬细胞对球虫孢子囊的吞噬能力增强。

三、对蠕虫的免疫

蠕虫是多细胞生物，同一蠕虫在不同的发育阶段，既可有共同抗原，也可有某一阶段的特异性抗原。高度适应的寄生蠕虫很少引起宿主强烈的免疫应答，它们很容易逃避宿主的免疫应答，这些寄生虫引起的疾病往往很轻微或不呈现临床症状。只有当它们侵入不能充分适应的宿主体内，或者有异常大量的蠕虫寄生时，才会引起急性病的发生。

（一）非特异性免疫防御机制

影响蠕虫感染的因素很多，不仅包括宿主方面的因素，而且也包括宿主体内其他蠕虫产生的因素。宿主方面影响蠕虫寄生的因素包括年龄、品种和性别等，性别和年龄对蠕虫寄生的影响与激素有很大关系，如动物的性周期有明显的季节性，而寄生虫的繁殖周期与宿主的繁殖周期往往相一致。体内已存在的蠕虫虫体在种内或种间对营养和寄生场所的竞争作用对动物体内蠕虫群体的数量和组成起着重要作用。

（二）特异性免疫防御机制

蠕虫在宿主体内以两种形式存在，一种是以幼虫形式存在于组织中，另一种是以成虫形式寄生于胃肠道或呼吸道中。这两个发育阶段的免疫应答方式是大不相同的。

1. 体液免疫

体液免疫对蠕虫的幼虫有重要作用。宿主对蠕虫抗原虽然也能产生IgM、IgG和IgA等常规抗体，但在抗蠕虫免疫中最重要的是IgE。有蠕虫感染的个体，IgE水平通常显著升高，常表现出Ⅰ型变态反应的特征性症状，如嗜酸性粒细胞增多、水肿、哮喘和荨麻疹性皮炎等。

IgE的产生和由此引起的过敏反应在控制蠕虫感染中具有很大的作用，自愈现象则主要是过敏反应的结果，寄生虫抗原刺激机体产生IgE抗体，被IgE致敏的肥大细胞再次接触抗原时，即可引起细胞脱颗粒，分泌血管活性物质。这些活性物质可刺激平滑肌收缩，毛细血管透性增加，嗜酸性粒细胞浸润，从而激发局部Ⅰ型变态反应。由于肠肌的剧烈收缩和肠毛细血管通透性的增加，大量液体进入肠腔，使大部分肠道寄生虫无法定居而被排出体外。

在蠕虫感染的体液免疫中，除IgE外，其他抗体也有一定作用。它们可通过中和幼虫产生的穿透组织的酶、结合口孔或肛门口分泌物，来封闭口孔和肛门口、结合虫体外鞘抗原阻止其脱壳、切断成虫的某些酶的作用和抑制虫卵及虫体结构的发育等方式起到抗蠕虫的作用。

2. 细胞免疫

细胞免疫通常对高度适应的寄生蠕虫不引起强烈的排斥反应，但其作用也是不可忽视的。

致敏 T 淋巴细胞以两种机制抑制蠕虫的活性：第一种，通过迟发型变态反应将单核细胞吸引到幼虫侵袭的部位，诱发局部炎症反应；第二种，通过细胞毒性淋巴细胞的作用杀伤幼虫，在组织切片中可以看到许多大淋巴细胞吸附在正在移动的蠕虫幼虫上。

总之，各种病原体进入动物机体后，机体将发动一切抗感染免疫机制，以抵抗病原的感染，最大限度地保护自身组织器官不受外来病原的破坏。

【复习与思考】

1. 简述机体对细胞外寄生菌的抗感染作用。
2. 简述非特异性免疫在抗病毒感染中的作用。
3. 抗体对原虫的作用主要有哪些方面？
4. 简述 IgE 在抗蠕虫感染中的作用。

项目八

免疫预防

【学习目标】

知识目标

◆ 掌握机体获得特异性免疫的途径及其实际应用。

◆ 掌握疫苗、免疫血清使用时的注意事项。

◆ 了解疫苗的种类。

◆ 熟悉活疫苗和灭活苗的优缺点。

能力目标

◆ 具有正确指导和合理利用免疫制品进行预防和治疗的能力。

◆ 能对实际中的特异性免疫途径进行分析与鉴别。

◆ 能在生产中合理选用生物制品。

素质目标

◆ 培养学生辩证思维的能力。

◆ 培养学生善于思考、严谨务实的职业素质。

◆ 培养坚定理想信念、爱岗敬业、团结协作的无私奉献精神。

【必备知识】

任务一　特异性免疫的认知

机体特异性免疫又称获得性免疫,它的建立有主动免疫和被动免疫两大途径,主动免疫是指机体因受抗原物质刺激,免疫细胞发生增殖与分化产生了免疫效应物质而获得的特异性免疫;而被动免疫是机体因输入或接受抗体或细胞因子而获得的特异性免疫。不论主动免疫或被动免疫,均可通过人工途径或天然途径获得。因此特异性免疫的获得又可分为天然主动免疫、人工主动免疫、天然被动免疫和人工被动免疫 4 种方式(图 8-1)。

一、天然主动免疫

动物患某种传染病康复后，或动物发生隐性传染或轻微传染后所产生的特异性免疫，称为天然主动免疫。天然主动免疫的免疫期可持续数月、数年或终生免疫。免疫有效期的长短主要与微生物的种类有关。

- 获得性免疫
  - 主动免疫
    - 天然主动免疫
    - 人工主动免疫
  - 被动免疫
    - 天然被动免疫
    - 人工被动免疫

图 8-1　获得性免疫途径

二、人工主动免疫

给动物接种某种疫苗或类毒素等生物制剂，刺激机体免疫系统发生免疫应答而产生的特异性免疫，称为人工主动免疫。通过人工主动免疫所获得的免疫力持续时间较长，可达数月甚至数年，某些疫苗免疫机体后，可产生终生免疫力。免疫力产生的快慢以及维持时间的长短与疫苗的种类、接种途径以及接种次数有关。一般病毒抗原需 3～4 d，细菌抗原需 5～7 d，毒素抗原需 2～3 周产生免疫力。生产中人工主动免疫是预防和控制家畜传染病的重要措施之一。

三、天然被动免疫

初生仔畜通过母体胎盘或初乳、雏禽通过卵黄从母体获得母源抗体从而获得对某种病原体的免疫力，称为天然被动免疫。天然被动免疫的持续期只有数周至几个月，但对于保护幼龄动物免于感染，特别是对于预防某些初生动物特有的传染病具有十分重要的意义。例如母猪产前免疫接种大肠杆菌 k88 疫苗，可使新生哺乳仔猪抵御仔猪黄痢的发生等；用小鹅瘟疫苗免疫母鹅以预防雏鹅患小鹅瘟等。

然而母源抗体可干扰弱毒疫苗对幼龄动物的免疫效果，是导致免疫失败的原因之一。因此，畜禽初次免疫的时间要根据其母源抗体的水平来定。

四、人工被动免疫

机体通过注射免疫血清或细胞因子等制剂后所获得的对某种病原体的免疫力，称为人工被动免疫。其特点是见效快，抗体进入体内以后立即发挥免疫效应，但是免疫有效期短，一般可维持 2～3 周，另外，血清制剂成本较高。因此，人工被动免疫主要用于经济价值较高的动物的紧急预防接种和某些传染病的早期治疗，例如破伤风抗毒素血清可用于破伤风病畜的早期治疗。在家禽，还常用卵黄抗体制剂进行人工接种。如对于暴发鸡传染性法氏囊病的鸡群，用含有高效价的鸡传染性法氏囊病毒卵黄抗体进行紧急人工接种，有良好的防治效果。

人工被动免疫主要用于已感染畜禽的紧急预防和治疗。在传染病流行的早期进行的紧急预防，能迅速控制疫情，减少损失，治疗也会有较好的效果。

任务二　生物制品的应用

生物制品是利用微生物、寄生虫及其组分或代谢产物以及动物或人的血液、组织等材料为原料，通过生物学、生物化学及生物工程学的方法加工制成的，用于传染病或其他有关疾病的预防、诊断和治疗的生物制剂。狭义的生物制品包括疫苗、免疫血清和诊断液，而广义的生物制品还包括各种血液制剂、肿瘤免疫、移植免疫及自身免疫病等非传染性疾病的免疫诊断、治疗及预防制剂以及提高动物机体非特异性免疫力的免疫增强剂等。世界卫生组织给生物制品下的定义是："效价和安全性检定仅凭物理化学的方法或技术不足以解决问题而必须采用生物学方法检定的制品。"根据此定义，抗生素、维生素及激素等不属于生物制品的范畴。

一、生物制品的分类和命名

(一)生物制品的分类

本节介绍的是狭义的生物制品，包括疫苗、免疫血清和诊断液。

1. 疫苗

由病原微生物、寄生虫及其组分或代谢产物所制成的用于人工主动免疫的生物制品称为疫苗。将其接种于动物体内，能产生针对某病原微生物的特异性免疫应答，以抵抗感染，预防疾病。

(1)常规疫苗　指利用细菌、病毒等微生物或其代谢产物制成的疫苗，主要包括灭活疫苗、活疫苗和代谢产物疫苗等(表 8-1)。

表 8-1　常规疫苗来源及优缺点比较

分类	来源	优点	缺点	举例
活疫苗	通过减弱病原微生物毒力获得	接种量少、接种次数少，诱导产生的免疫力强，免疫期较长，不需使用佐剂，引起过敏的机会较小	研制周期较长，毒力有返强的潜在危险，贮存与运输不便，保存期较短	猪瘟兔化弱毒疫苗
灭活疫苗	细菌或病毒经理化方法处理后，使其丧失感染性或毒性，但保持原有的免疫原性	研制周期较短，使用安全，易于保存及运输	不能在体内繁殖，接种用量大，免疫期较短，需加入适当的佐剂使用	猪丹毒氢氧化铝疫苗
代谢产物疫苗	利用细菌的代谢产物如毒素、酶等制成	具有较强的免疫原性	同灭活疫苗	破伤风疫苗

(2)亚单位疫苗　利用微生物的一种或几种亚单位或亚结构制成的疫苗称为微生物亚单位疫苗。此疫苗没有微生物的遗传信息，但免疫动物能产生针对此微生物的免疫力，并且可免除微生物非抗原成分引起的不必要的副作用，保证疫苗的安全性。如狂犬病亚单位疫苗、流感血凝素疫苗及脑膜炎球菌多糖疫苗、致病性大肠杆菌 K88 疫苗等。亚单位疫苗由于制备困

难，价格昂贵，在生产中难以推广应用。

(3)生物技术疫苗　是利用生物技术制备的分子水平的疫苗，包括基因工程亚单位疫苗、合成肽疫苗、抗独特型疫苗、DNA疫苗及基因工程活载体疫苗(表8-2)。

表8-2　生物技术疫苗特点比较

类　别	特　点
基因工程亚单位疫苗	将微生物的保护性抗原基因重组于载体质粒后导入受体菌或细胞，使该基因在受体菌或细胞中高效表达，产生大量的保护性抗原肽段，提取该抗原肽段，加佐剂即为亚单位疫苗
合成肽疫苗	按照病原微生物保护性抗原决定簇的氨基酸序列，人工合成含有保护性抗原决定簇的短肽并连接于载体蛋白上所制成的疫苗，称为合成肽疫苗
抗独特型疫苗	与特定抗原的抗体结合的抗体，称为抗独特型抗体。抗独特型抗体在结构上与刺激机体的源抗原相似，因此利用抗独特型抗体代替抗原免疫动物可激发机体产生对相应病原体的免疫力
DNA疫苗	是将编码保护性抗原的基因与能在真核细胞中表达的载体DNA重组，直接注射到动物体内，刺激机体产生体液免疫和细胞免疫
基因工程活载体疫苗	包括活载体疫苗和基因缺失苗。活载体疫苗是将微生物保护性抗原基因即目的基因插入载体的特定位置上，使载体病毒转染细胞，在细胞中复制的同时表达外源基因产物，即抗原。一个载体病毒中可同时插入多个外源基因，表达多种病原微生物的抗原，同时起到预防多种传染病的效果。基因缺失苗是切去病毒致病基因，使其失去致病力，但仍保留其免疫原性及复制能力，此疫苗比较稳定，无毒力返祖现象

(4)寄生虫疫苗　寄生虫大多有复杂的生活史，抗原成分非常复杂而多变，因此尽管寄生虫病对动物危害很大，迄今为止仍无理想的寄生虫疫苗。目前，国际上推出并收到良好免疫效果的有胎生网尾线虫疫苗、丝状网尾线虫疫苗和犬钩虫疫苗，当前中国市场上的球虫卵囊疫苗，效果也较好。

(5)联苗和多价苗　联苗是指不同种微生物或其代谢产物组成的疫苗，如鸡新城疫-鼻炎-传染性支气管炎三联苗；多价苗是指用同种微生物不同型或株所制成的疫苗，如大肠杆菌多价苗。联苗和多价苗可简化接种程序，减少接种动物应激反应的次数，因而对畜牧生产有利。但应注意制备和使用的原则，即不加重接种副反应，不发生干扰现象，能提高各个制剂或其中之一的免疫效果。

2.免疫血清

动物经反复多次免疫同一种抗原物质后，机体血清中产生大量针对此抗原的特异性抗体，采取此动物的血液分离血清，即为免疫血清或称高免血清、抗血清，用于治疗和紧急预防。血清注入机体后可立即发挥抗病作用，但这种免疫力维持时间较短，一般为2～3周，故使用免疫血清进行传染病防治时应多次注射。

在临床上，抗菌血清应用较少，较多的是抗病毒血清和抗毒素血清，如小鹅瘟抗血清、破伤风抗毒素等。因它们只能中和游离的病毒和外毒素，对已经结合细胞的病毒和毒素不能发挥作用，故使用抗血清时也应注意早期足量。

3. 诊断液

利用微生物、寄生虫及其代谢产物，或者含有其特异性抗体的血清制成的，专供传染病、寄生虫病或其他疾病以及机体免疫状态监测用的生物制品，称为诊断液。

诊断液包括诊断抗原和诊断抗体（血清）。诊断抗原包括变态反应性抗原和血清学反应抗原。前者如检查结核感染的旧结核菌素和纯蛋白衍生物结核菌素，检查牛、羊布鲁氏菌感染的布鲁氏菌素等，利用此类抗原刺激机体产生迟发型变态反应来判断机体感染状态；血清学反应抗原包括各种凝集反应抗原，如鸡白痢全血平板凝集反应抗原、鸡霉形体病全血平板凝集反应抗原、布鲁氏菌病试管凝集反应抗原，布鲁氏菌病平板凝集反应抗原等；沉淀反应抗原，如炭疽环状沉淀反应抗原、马传染性贫血琼脂扩散试验抗原等；补体结合反应抗原，如鼻疽补体结合反应抗原、马传染性贫血补体结合反应抗原等。应该指出的是在各种类型的血清学试验中，同种微生物的抗原会因试验类型而有所差异，故在选择诊断抗原时，应根据所要进行的试验类型选择诊断抗原的种类。

诊断抗体包括诊断血清和诊断用的特殊抗体。诊断血清是用抗原免疫动物制成的，如鸡白痢阳性血清、马流产阳性血清、炭疽沉淀素血清、魏氏梭菌定型血清、大肠杆菌和沙门菌的因子血清等。单克隆抗体、荧光抗体、酶标抗体等是目前广泛使用的诊断抗体。

二、生物制品的命名原则

根据中华人民共和国农业部 2001 年颁布的《兽用新生物制品管理办法》规定，生物制品命名原则有 10 条。

（1）生物制品的命名原则以明确、简练、科学为基础原则。

（2）生物制品名称不采用商品名或代号。

（3）生物制品名称一般采用“动物种名 + 病名 + 制品名称”的形式，诊断制剂则在制品种类前加诊断方法名称。如：牛巴氏杆菌病灭活疫苗、马传染性贫血活疫苗、猪支原体肺炎微量间接血凝抗原。特殊的制品命名可参照此方法。病名应为国际公认的、普遍的称呼，译音汉字采用国内公认的习惯定法。

（4）共患病一般可不列动物种名。如：气肿疽灭活疫苗、狂犬病灭活疫苗。

（5）由特定细菌、病毒、立克次体、螺旋体、支原体等微生物以及寄生虫制成的主动免疫制品，一律称为疫苗。例如：仔猪副伤寒活疫苗、牛瘟活疫苗、牛环形泰勒虫疫苗。

（6）凡将特定细菌、病毒等微生物及寄生虫毒力致弱或采用异源毒制成的疫苗，称“活疫苗”；用物理或化学方法将其灭活后制成的疫苗，称“灭活疫苗”。

（7）同一种类而不同毒（菌、虫）株（系）制成的疫苗，可在全称后加括号注明毒（菌、虫）株（系）。例如：猪丹毒活疫苗（GC42 株）、猪丹毒活疫苗（G4T10 株）。

（8）由两种以上的病原体制成的一种疫苗，命名采用“动物种名 + 若干病名 + x 联疫苗”的形式。例如：羊黑疫、快疫二联灭活疫苗，猪瘟、猪丹毒、猪肺疫三联活疫苗。

（9）由两种以上血清型制备的一种疫苗，命名采用“动物种名 + 病名 + 若干型名 + x 价疫苗”的形式。例如：口蹄疫 O 型、A 型双价活疫苗。

（10）制品的制造方法、剂型、灭活剂、佐剂一般不标明。但为区别已有的制品，可以标明。

三、生物制品使用的注意事项

(一)疫苗使用的注意事项

疫苗是用于人工主动免疫的生物制品，接种疫苗是预防动物疫病的发生行之有效的措施之一，但在疫苗使用的过程中，必须注意以下9个方面的问题，否则就会造成免疫失败。

1.疫苗的质量

首先，疫苗应购自国家批准的生物制品厂家。购买及使用前检查是否过期，并剔除破损、封口不严及物理性状(色泽、外观、透明度、有无异物等)与说明不符者。

2.疫苗的保存和运输

供免疫接种的疫苗购买后，必须按规定的条件保存和运输，否则会使疫苗的质量明显下降而影响免疫效果甚至造成免疫失败。一般来说，灭活苗要保存于2～15 ℃的阴暗环境中，非经冻干的活菌苗(湿苗)要保存于4～8 ℃的冰箱中，这两种疫苗都不应冻结保存。冻干的弱毒苗，一般都要求低温冷冻－15 ℃以下保存，并且保存温度越低，疫苗病毒(或细菌)死亡越少。如猪瘟兔化弱毒冻干苗在－15 ℃可保存1年，0～8 ℃可保存6个月，25 ℃保存约10 d。有些国家的冻干苗因使用耐热保护剂而保存于4～6 ℃。所有疫苗的保存温度均应保持稳定，温度高低波动大，尤其是反复冻融，疫苗病毒(或细菌)会迅速大量死亡。马立克病疫苗有一种细胞结合型疫苗，必须于液氮罐中保存和运输，要求更为严格。

疫苗运输的理想温度应与保存的温度一致，在疫苗运输时通常都达不到理想的低温要求，因此，运输时间越长，疫苗中病毒(或细菌)的死亡率越高，如果中途转运多次，影响就更大，实际生产中要注意此环节。

3.疫苗的稀释与及时使用

(1)器械的消毒　一切用于疫苗稀释的器具，包括注射器、针头及容器等，使用前必须洗涤干净，并经高压灭菌或煮沸消毒，不干净的和未经灭菌的用具，容易造成疫苗的污染或将疫苗病毒(或细菌)杀死。注射器和针头尽量做到一头(只)换一个。绝不能一个针头从头打到尾。用清洁的针头吸药，使用完毕的疫苗瓶、剩余疫苗及给药用具一起消毒灭菌处理。

(2)稀释剂的选择　必须选择符合要求的稀释剂来稀释疫苗，除马立克病疫苗等个别疫苗要用专用的稀释剂以外，一般用于滴鼻、滴眼、刺种、擦肛及注射的疫苗，可用灭菌的生理盐水或灭菌的蒸馏水作为稀释剂；饮水免疫时，稀释剂最好用蒸馏水或去离子水，也可用洁净的深井水，但不能用含消毒剂的自来水；气雾免疫时，稀释剂可用蒸馏水或去离子水，如果稀释水中含有盐类，雾滴喷出后，由于水分蒸发，盐类的浓度增高，亦会使疫苗病毒死亡。为了保护疫苗病毒，可在饮水或气雾的稀释剂中加入0.1%的脱脂奶粉或山梨糖醇。

(3)稀释方法　稀释疫苗时，首先将疫苗瓶盖消毒，然后用注射器把少量的稀释剂注入疫苗瓶中，充分振荡混匀，使疫苗完全溶解后，再加入剩余量的稀释剂。如果疫苗瓶太小，不能装入全部的稀释剂，应把疫苗吸出来放于一容器中，再用稀释剂把原疫苗瓶冲洗若干次，以便将全部疫苗病毒(或细菌)都洗下来。

疫苗应于临用前才由冰箱内取出，稀释后应尽快使用。尤其是活毒疫苗稀释后，在高温条件下或被太阳光照射会导致疫苗毒死亡，时间越长，死亡越多。一般来说，马立克病毒疫苗应于稀释后1～2 h用完，其他疫苗也应于2～4 h用完，超过此时间的要灭菌后废弃，更不能隔天使用。

4.选择适当的免疫途径

接种疫苗的方法有滴鼻、点眼、刺种、皮下或肌内注射、饮水、气雾、滴肛或擦肛等，应根据疫苗的类型、疫病特点及免疫程序来选择每次的接种途径，一般应以疫苗使用说明为准。例如灭活疫苗、类毒素和亚单位疫苗不能经消化道接种，一般用于肌内或皮下注射，注射时应选择活动少的易于注射的部位，如颈部皮下、禽胸部肌肉等。

5.制订合理的免疫程序

目前没有适用于各地区及各饲养场的固定的免疫程序，应根据当地的实际情况制订。由于影响免疫的因素很多，免疫程序应根据疫病在本地区的流行情况及规律、畜禽的用途（种用、肉用或蛋用）、年龄、母源抗体水平和饲养条件，以及使用疫苗的种类、性质、免疫途径等方面的因素制订，不宜做统一要求。免疫程序应随情况的变化而做适当调整，不存在普遍适用的最佳免疫程序。血清学抗体检测是重要的参考依据。

6.免疫剂量、接种次数及时间间隔

在一定限度内，疫苗用量与免疫效果成正相关。过低的剂量刺激强度不够，不能产生足够强烈的免疫反应；而疫苗用量超过了一定限度后，免疫效果不但不增加，还可能导致免疫受到抑制，称为免疫麻痹。因此疫苗的剂量应按照规定使用，不得任意增减。

疫苗使用时，在初次应答之后，间隔一定时间重复免疫，可刺激机体产生再次应答和回忆反应，产生较高水平的抗体和持久免疫力。所以生产中常进行2～3次的连续接种，时间间隔视疫苗种类而定，细菌或病毒疫苗免疫产生快，间隔7～10 d或更长。类毒素是可溶性抗原，免疫反应产生较慢，时间间隔至少4～6周。

7.疫苗的型别与疫病型别的一致性

有些传染病的病原有多种血清型，并且各血清型之间无交互免疫性，因此对于这些传染病的预防就需要对型免疫或使用多价苗。如口蹄疫、禽流感、鸡传染性支气管炎的免疫就应注意对型免疫或使用多价苗。

8.药物的干扰

使用活菌苗前后10 d不得使用抗生素及其他抗菌药，活菌苗和活病毒苗不能随意混合使用。

9.防止不良反应的发生

免疫接种时，应注意被免疫动物的年龄、体质和特殊的生理时期（如怀孕和产蛋期）。幼龄动物应选用毒力弱的疫苗免疫，如鸡新城疫的首次免疫用Ⅳ系而不用Ⅰ系，鸡传染性支气管炎首次免疫用H120，而不用H52；对体质弱或正患病的动物应暂缓接种；对怀孕母畜和产蛋期的家禽使用弱毒疫苗，可导致胎儿的发育障碍和产蛋下降，因此，生产中应在母畜怀孕前、家禽产蛋前做好各种疫病的免疫工作，必要时，可选择灭活疫苗，以防引起流产和产蛋下降等不良后果。

免疫接种完毕，要将用过的用具及剩余的疫苗高压灭菌。同时注意观察动物的状态和反应，有些疫苗使用后会出现短时间的轻微反应，如发热、局部淋巴结肿大等，属正常反应。如出现剧烈或长时间的不良反应，应及时治疗。

(二)免疫血清使用的注意事项

1.尽早使用

因为抗体只能中和未结合细胞的毒素和病毒,而对已侵入细胞的毒素和病毒无效,故越早使用,效果越好。

2.足量多次

抗体在机体内会逐渐衰减,免疫力维持时间较短,足量多次使用才能保证效果。

3.血清用量和使用途径

要根据动物的体重、年龄和使用目的来确定血清用量。一般大动物预防用量为 10～20 mL,中等动物 5～10 mL,家禽预防用量 0.5～1 mL,治疗用量 2～3 mL。静脉注射可尽快奏效,也可用肌肉注射或皮下注射。静脉注射时应预先加热到 30 ℃左右,皮下注射和肌肉注射量较大时应多点注射。

4.防止过敏反应的发生

异种动物制备的免疫血清使用时,可能会引起过敏反应,要注意预防,最好用提纯制品。给大动物注射异种血清时,可采取脱敏疗法注射,必要时应备好抢救措施。

【操作训练】

技能　动物的免疫接种技术

【目的要求】掌握常用的动物免疫接种方法。

【仪器及材料】高压蒸汽灭菌器、超声破碎仪、水浴锅、移液器(1～10 mL)、卡介苗、羊毛脂、石蜡等。

【方法与步骤】

一、操作方法

不同的疫苗应采用不同的免疫接种方法,归纳起来有皮下注射、皮内注射、肌肉注射、皮肤刺种、点眼、滴鼻、喷雾、口服等多种方法,其中皮下注射和肌肉注射较常用,肌肉注射用得较多。

1.皮内注射

皮内注射法是将小量疫苗或药液注入表皮与真皮之间的方法。

小鼠、家兔及豚鼠的皮内注射均需助手保定动物。由助手把动物俯卧或仰卧保定,接种者以左手拇指及食指夹起并绷紧皮肤,用 70%酒精棉签消毒皮肤待干,然后右手持注射器,针头斜面向上,紧贴皮肤表层,使针头和皮肤呈 5°至 15°刺入皮内,待针头斜面进入皮内后,放平注射器,注入疫苗,使局部形成一圆形隆起的皮丘,皮肤变白,毛孔变大。注射完毕,迅速拔出针头，用干棉球轻按针眼片刻，切勿反复按揉注射部位。

鸡的皮内注射由助手捉鸡，注射者左手捏住鸡冠或肉髯，消毒后在其皮内注射 0.1～0.2 mL，注射后处理同上。

2.皮下注射

皮下注射是将疫苗注射到皮下疏松结缔组织中的一种方法。一般选择接种动物的皮肤疏松处。马、牛、羊一般在颈侧下部或肩胛骨后方皮下；小猪在腋窝、大腿内侧皮下，大猪在耳后皮下；鸡、兔在颈部和背部皮下。

将注射部位剪毛消毒后，左手拇指与中指提起皮肤，使之形成一个三角形皱褶；或用镊子夹起皮肤，右手持注射器斜向刺入底部皮肤与肌肉之间后，针头摆动无阻力，说明已进入皮下，缓缓推注疫苗时应感到流利畅通。慢慢注入，注射部位随即隆起。注射完毕，用棉球压住针刺处，拔出针头。

3.肌内注射

即将疫苗注入肌肉组织中。一般应选择肌肉发达、无大血管通过的部位。一般多选臀部、大腿内侧或外侧。猪取颈侧耳根后为宜，鸡取胸肌为宜。

将动物保定好后，消毒接种部位，右手持注射器，垂直或稍倾斜刺入，迅速推注。猪颈部注射时，使针头朝向后上方，并与皮肤成 45°角左右，以防疫苗顺针孔流出。

4.点眼

点眼是雏鸡常用的一种免疫方法。用左手握住鸡使其不乱动，右手拿点眼瓶，向左右眼睛各轻轻点一滴，等鸡做完一个眨眼动作，药液完全进入眼中吸收后再松开，否则放手早了，药液只在眼球表面，没有进入眼内，鸡很容易甩头，这样就把药液甩出去了，没达到免疫的目的。成鸡免疫时，只需打开鸡笼门，握住鸡颈部。(鸡只是头颈部在笼外，身体在笼内)点眼方法同小鸡雏。

5.滴鼻

滴鼻也是鸡进行免疫的一种方法，有些疫苗对眼睛刺激很大如传喉，点眼后往往鸡出现闹眼病，所以应滴鼻，其方法为：左手握住鸡颈部使其不能动，右手拿滴鼻瓶朝鸡鼻孔左右各轻滴一滴，待鸡完成 1～2 次呼吸，完全将药液吸入鼻孔内后，左手方可松开鸡。若药液滴入后，不向鼻内渗入，又想加快免疫进程，可用右手轻捏鸡的嘴或用手堵另一侧鼻孔，药液自然会渗入。

6.饮水免疫

饮水免疫是一种便捷的接种方法，在生产中应用较多，将一定量疫苗放入水中让鸡、鸭等禽类自由饮用，通过吞咽疫苗，病毒离子经腭裂、鼻腔、肠道，产生局部免疫及全身免疫。比个体免疫省时省力，但饮水免疫疫苗用量多，免疫不均匀，个体饮入疫苗量不准确。为保证免疫效果，必须注意用于饮水免疫的疫苗是高效价的，免疫前可加免疫增效剂；在水中加入 0.2%～0.3%的脱脂奶粉；不能使用金属器皿，稀释疫苗用水量要适当，使用清洁不含氯、铁等离子的水稀释；免疫前视季节和舍温情况限水 2～3 h，以便及时饮水，并在短时间内饮完；免疫前后 3 d 不能饮水消毒；免疫前后 1～2 d 禁止使用抗病毒药物。

二、注意事项

(1)进行动物接种时,应将动物保定确实,防止咬伤人员。
(2)接种不同的动物应选用不同规格的针头。
(3)免疫接种时要做好接种部位的消毒。

三、任务实施

本试验分组进行,学生5人组成一个工作小组,教师发放工作任务单(表8-3)。

表8-3 动物的免疫接种技术工作任务单

组别		成员姓名及学号	
实训日期		实训地点	
是否提交实验实施计划	□是 □否		
实验报告提交时间	年 月 日		
1.实验目的			
2.实验原理			
3.实验步骤			
4.思考及建议			
5.工作记录			

【考核内容与评价】(表 8-4)

表 8-4　考核内容与评价　　　检查日期：　　年　月　日

任务	考核内容	标准分值	考核记录	得分
动物的免疫接种技术	动物的正确保定	10 分		
	皮内接种	20 分		
	皮下接种	20 分		
	肌肉接种	10 分		
	点眼	10 分		
	滴鼻	10 分		
	接种部位选择得当	10 分		
	操作熟练程度(熟练、一般、不熟练)	10 分		
合计		100 分		

【复习与思考】

1. 解释下列名词：人工主动免疫、人工被动免疫、免疫血清、诊断液、生物制品。
2. 简述获得性免疫的方式。
3. 简述活疫苗和灭活疫苗的优缺点。
4. 简述生物制品的命名原则。

项目九

免疫诊断

【学习目标】

知识目标

◆ 掌握血清学试验的种类。

◆ 掌握血清学试验的特点及影响因素。

◆ 熟悉凝集试验、沉淀试验、免疫酶技术的原理。

◆ 了解各项血清学试验的实际应用。

能力目标

◆ 具有正确运用血清学试验进行传染病诊断、预防和治疗的能力。

◆ 能运用凝集试验、沉淀试验、补体结合试验、中和试验、免疫荧光抗体技术、免疫酶技术进行未知抗原或抗体的检测。

◆ 能在实际生产中对传染病的诊断选择适宜的诊断方法。

◆ 能根据血清学试验的原理分析试验结果,指导生产实践。

素质目标

◆ 培养学生辩证思维的能力。

◆ 培养学生善于思考、严谨务实的职业素质。

◆ 培养坚定理想信念、爱岗敬业、团结协作的无私奉献精神。

【必备知识】

任务一　血清学试验

抗原与相应的抗体无论在体内还是体外均能发生特异性结合反应,并表现出特定的现象。在体内表现为体液免疫应答;在体外结合后,由于抗原和抗体的性质、反应的条件、参与反应的因素和检测方法的不同,可表现为各种特定的反应形式,因抗体主要存在于血清中,所以通常将体外发生的抗原抗体反应统称为血清学反应或血清学试验。但现代的抗原抗体反应早已突破了血清学时代的概念。抗原和抗体的体外反应是应用最为广泛的一种免疫学技术，为疾病的诊断、抗原和抗体的鉴定及定量提供了良好的方法。因此广泛应用于微生物的鉴定、传染病和寄生虫病的监测和诊断。

一、血清学反应的特点

血清学试验根据抗原和抗体的性质、反应的条件、参与反应的介质及反应现象的不同，分为凝集试验、沉淀试验、补体结合试验、中和试验和免疫标记技术等，这些试验一般具有以下特点：

1.特异性和交叉性

血清学试验具有高度的特异性。由于抗原决定簇的组成、结构不同，所诱导产生的抗体也不同，因此，一种抗原只能与相应抗体结合表现出高度的特异性。如抗猪瘟抗体只能与猪瘟病毒结合而不能与口蹄疫病毒或者其他病毒相结合。同样，抗口蹄疫抗体也只能与口蹄疫病毒结合而不能与其他病毒相结合。这种特异性可用于分析、鉴别各种抗原和进行疾病的诊断。但若两种抗原之间含有部分共同抗原时，则发生交叉反应。如肠炎沙门菌的血清能凝集鼠伤寒沙门菌。一般亲缘关系越近，交叉反应的程度也越高。交叉反应是区分血清型和亚型的重要依据。

2.敏感性

血清学试验不仅有高度的特异性，而且还具有极高的敏感性。不仅可用于定性，还可以用于检测微量的抗原和抗体，其灵敏度大大超过当前所应用的化学方法。血清学试验的敏感性视种类而异。

3.反应的可逆性

抗原和抗体的结合是分子表面的结合，其结合的温度为 0～40 ℃，pH 在 4.0～9.0 范围内。如温度超过 60 ℃或 pH 降到 3.0 以下，或加入解离剂（如硫氰化钾、尿素等）时，则抗原抗体复合物又可重新解离，解离后的抗原或抗体性质不改变。利用这一特性，可进行免疫亲和层析，以提取免疫纯的抗原或抗体。

4.反应的二阶段性

血清学反应有二阶段性，但其间无严格的界限。第一阶段为抗原与抗体的特异性结合阶段，反应发生快，几秒钟至几分钟即可，但无可见反应；第二阶段为抗原与抗体在介质作用下出现各种可见反应，如凝集、沉淀、补体结合等反应，反应发生较慢，需几分钟、几十分钟或更长时间，此阶段受电解质、温度和酸碱度等的影响。

5.最适比和带现象

抗原与抗体在适宜的条件下能发生结合反应。但对于血清学试验，只有在抗原与抗体呈适当比例时，结合才出现可见反应，在最适比例时，反应最明显。如抗原过多或抗体过多，则抗原抗体的结合不能形成大的复合物，因而抑制可见反应的出现，这一现象称为带现象。抗体过多出现的抑制现象称前带现象，而抗原过多出现的抑制现象称后带现象。为了克服带现象，在进行血清学试验时，需将抗原或抗体进行适当稀释。

6.用已知测未知

所有的血清学试验均不外乎用已知抗原测定未知抗体，或用已知的抗体测定未知抗原。

在反应中只能有一种材料是未知的，但可以用两种或两种以上的已知材料检测一种未知抗原或抗体。

二、影响血清学反应的因素

抗原抗体反应通常受电解质、温度、酸碱度、振荡及是否含有杂质等理化因素的影响。

1. 电解质

特异性的抗原和抗体具有对应的极性基，它们互相吸附后，不能与水分子结合，因而失去亲水性，变为憎水系统，此时易受电解质的作用失去电荷而互相凝聚，发生凝集或沉淀反应。因此，血清学试验需要适当浓度的电解质参与，才能出现可见反应。常用的电解质是0.85%氯化钠即生理盐水，但有些血清学试验要求用较高的离子浓度或PBS。

2. 温度

较高的温度可以增加抗原和抗体的活性及接触的机会，从而加速反应的出现。因此，将抗原、抗体充分混合后，通常在37 ℃水浴中保温一定时间，可促使第二阶段反应的出现。亦可用56 ℃水浴，则反应更快。但有的抗原和抗体需在低温下长时间结合反应才能更充分。

3. 酸碱度

血清学试验常用的pH为6.0～8.0，过高或过低的pH可使抗原抗体复合物重新解离。当pH降至抗原或抗体的等电点时可引起非特异性的酸凝集，造成假象。

4. 振荡

适当的机械振荡能增加分子或颗粒间的相互碰撞，加速抗原抗体的结合反应。但强烈的振荡可使抗原抗体复合物解离。

5. 杂质和异物

血清学试验中如存在与反应无关的杂质、异物（如蛋白质、类脂质和多糖等物质）存在时，会抑制反应的进行或引起非特异性反应。因此，血清学试验中都应设阳性对照和阴性对照，才能作出正确的判断。

近年来，血清学试验由于与现代科学技术相结合，发展很快。加上半抗原连接技术的发展，几乎所有小分子活性物质均能制成人工复合抗原，以制备相应的抗体，从而建立血清学检测技术，使血清学技术的应用愈来愈广，涉及生命科学的所有领域，成为生命科学进入分子水平不可缺少的检测手段。

在医学和兽医学领域已广泛应用血清学试验，直接或间接从传染病、寄生虫病、肿瘤、自身免疫病和变态反应性疾病的感染组织或血清、体液中检出相应抗原或抗体，从而作出确切诊断。对传染病来说，几乎没有不能用血清学试验诊断的。在群体检疫、疫苗免疫效果监测和流行病学调查中，也已大规模地应用检测抗体的血清学试验。此外，生物活性物质的超微定量、物种及微生物鉴定和分型等方面，也广泛应用血清学试验。

任务二　凝集反应

颗粒性抗原（如细菌、红细胞等）或吸附在乳胶、白陶土、离子交换树脂和红细胞的抗原，与相应抗体结合后，在适量电解质存在下，经过一定时间，互相凝聚形成肉眼可见的凝集块，称为凝集试验（图 9-1）。参与试验的抗原称为凝集原，抗体称为凝集素。参与凝集试验的抗体主要为 IgG 和 IgM。

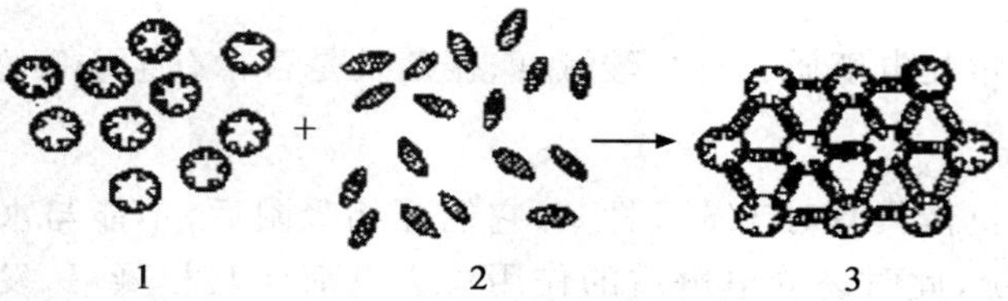

图 9-1　凝集试验中抗原抗体结合过程示意图

凝集试验根据抗原的性质、反应的方式，可分为直接凝集试验和间接凝集试验两种（图 9-2）。

- 凝集反应
  - 直接凝集试验
    - 平板凝集试验
    - 试管凝集试验
  - 间接凝集试验
    - 正向间接凝集试验
    - 反向间接凝集试验
    - 间接凝集抑制试验
    - 协同凝集试验

图 9-2　凝集反应的类型

一、直接凝集试验

直接凝集试验是指颗粒性抗原与相应抗体在电解质的参与下，直接结合凝聚成团块的现象。按试验方法可分为平板凝集试验和试管凝集试验。

(一)平板凝集试验

这是一种定性试验，可在玻板或载玻片上进行。常用已知抗原检测未知抗体或用已知抗体来检测未知抗原。

将含有已知抗体的诊断血清与待检菌悬液各一滴在玻片上混合均匀，数分钟后，如出现颗粒状或絮状凝集的，即为阳性反应。反之，也可用已知的诊断抗原悬液检测待检血清中有无相应的抗体（图 9-3）。此法简便快速，适用于新分离细菌的鉴定或分型，抗体的定性检测。如大肠杆菌和沙门菌等的鉴定，布鲁氏菌病、鸡白痢、禽伤寒和败血霉形体病的检疫。亦可用于血型的鉴定等。

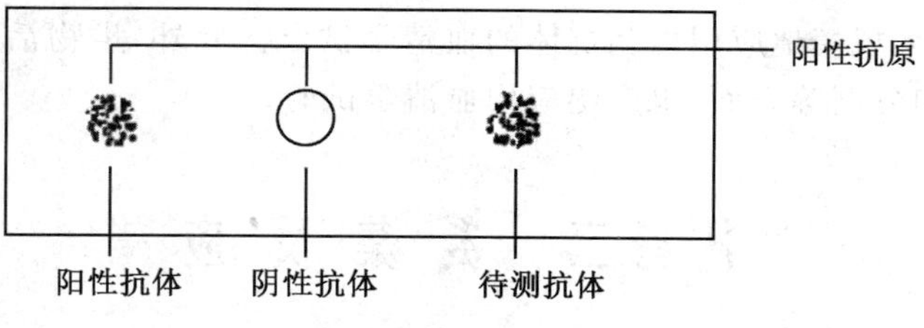

图 9-3　平板凝集试验

(二)试管凝集试验

这既是一种定性试验，也是一种定量试验，可在小试管中进行。操作时将待检血清用生理盐水或其他稀释液做倍比稀释，然后每管加入等量抗原，混匀，37 ℃水浴或放入恒温箱中数小时，观察液体澄清度及沉淀物，根据不同凝集程度记录结果。以出现50%以上凝集的血清最高稀释倍数为该血清的凝集价，也称效价或滴度。本试验主要用于抗体效价的测定，如布鲁氏菌病的诊断与检疫。

二、间接凝集试验

将可溶性抗原(或抗体)先吸附于与免疫无关的小颗粒的表面，再与相应的抗体(或抗原)结合，在有电解质存在的适宜条件下，可出现肉眼可见的凝集现象，称为间接凝集试验。用于吸附抗原(或抗体)的颗粒称为载体。常用的载体有动物红细胞、聚苯乙烯乳胶、硅酸铝、活性炭和葡萄球菌A蛋白等。根据试验时所用的载体颗粒不同分别称为间接血凝试验、乳胶凝集试验、炭粉凝集试验等。间接凝集试验的灵敏度比直接凝集试验高2～8倍，适用于抗体和各种可溶性抗原的检测。其特点是微量、快速、操作简便、无需特殊设备，应用范围广泛。

(一)间接血凝试验

以红细胞为载体的间接凝集试验，称为间接血凝试验。吸附抗原的红细胞就称为致敏红细胞。致敏红细胞与相应抗体结合后，能出现红细胞凝集现象(图9-4)。用已知抗原吸附于红细胞上检测未知抗体称为正向间接血凝试验，用已知抗体吸附于红细胞上鉴定未知抗原称为反向间接血凝试验。常用的红细胞有绵羊、家兔、鸡及人的O型红细胞。由于红细胞几乎能吸附任何抗原，而且红细胞是否凝集容易观察，因此，利用红细胞作载体进行的间接凝集试验已广泛应用于血清学诊断的各个方面，如多种病毒性传染病、霉形体病、衣原体病、弓形体病等的诊断和检疫。

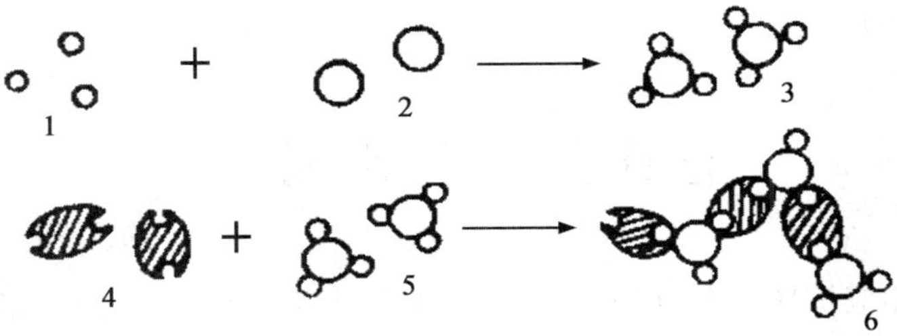

1.抗原　2.红细胞　3.红细胞被致敏　4.抗体

5.被致敏的红细胞　6.红细胞凝集

图9-4　间接血凝示意图

(二)间接血凝抑制试验

抗体与游离抗原结合后就不能凝集抗原致敏的红细胞，从而使红细胞凝集现象受到抑制，这一试验被称为间接血凝抑制试验。通常是用抗原致敏的红细胞和已知抗血清检测未知抗原或测定抗原的血凝抑制价。血凝抑制价即抑制血凝的抗原最高稀释倍数(图9-5)。

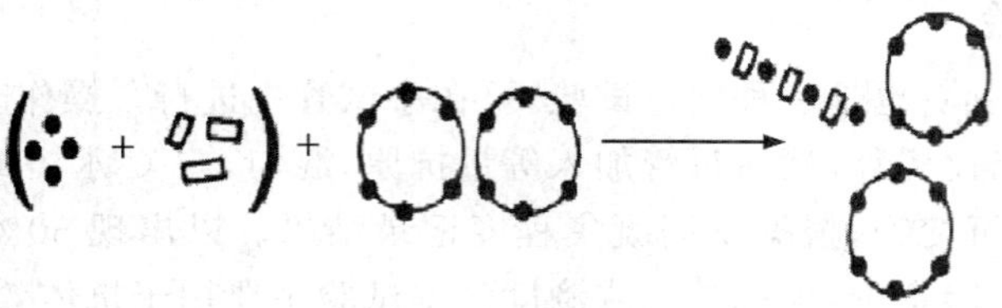

图 9-5　间接凝集抑制试验示意图

(三)乳胶凝集试验

以乳胶颗粒作为载体的间接凝集试验,称为乳胶凝集试验。该试验既可检测相应的抗体也可鉴定未知的抗原,而且方法简便、快速,在临床诊断中广泛应用于伪狂犬病、流行性乙型脑炎、钩端螺旋体病、猪细小病毒病、猪传染性萎缩性鼻炎、禽衣原体病、山羊传染性胸膜肺炎、囊虫病等的诊断。

(四)协同凝集试验

葡萄球菌 A 蛋白是大多数金黄色葡萄球菌的特异性表面抗原,能与多种哺乳动物血清中的 IgG 分子的 Fc 片段相结合,结合后的 IgG 仍保持其抗体活性。当这种覆盖着特异性抗体的葡萄球菌与相应抗原结合时,可以相互连接引起协同凝集反应,在玻板上数分钟内即可判定结果。目前已广泛应用于快速鉴定细菌、霉形体和病毒等。

(五)炭粉凝集试验

以极细的活性炭粉作为载体的间接凝集试验,称为炭粉凝集试验。反应在玻板上或塑料反应盘进行,数分钟后即可判定结果。通常是用抗体致敏炭粉颗粒制成炭血清,用以检测抗原,如马流产沙门菌;也可用抗原致敏炭粉,用以检测抗体,如腺病毒感染、沙门氏菌病、大肠杆菌病、囊虫病等的诊断。

任务三　沉淀试验

可溶性抗原与相应抗体结合,在适量电解质存在下,经过一定时间,出现肉眼可见的白色沉淀,称为沉淀试验。参与试验的抗原称为沉淀原,主要是蛋白质、多糖、类脂等,如细菌的外毒素、内毒素、菌体裂解液、病毒悬液、病毒的可溶性抗原、血清和组织浸出液。反应中的抗体称为沉淀素。

常用的沉淀试验有环状沉淀试验、絮状沉淀试验、琼脂扩散试验和免疫电泳试验等。

一、环状沉淀试验

环状沉淀试验是一种快速测定溶液中的可溶性抗原或抗体的方法。即在小口径试管内先加入已知沉淀素血清,然后沿管壁慢慢加入等量待检抗原,使之叠加于抗体表面,数分钟后,在抗原抗体相接触的界面出现白色环状沉淀带,即为阳性反应(图 9-6)。本法主要用于抗原的定性试验,如炭疽病的诊断(Ascoli 氏试验)、链球菌的血清型鉴定和血迹鉴定等。

二、絮状沉淀试验

抗原与抗体在试管内混合，在电解质存在下，抗原抗体复合物可形成絮状物。当比例最适时，出现反应最快和絮状物最多。本法常用于毒素、类毒素和抗毒素的定量测定。

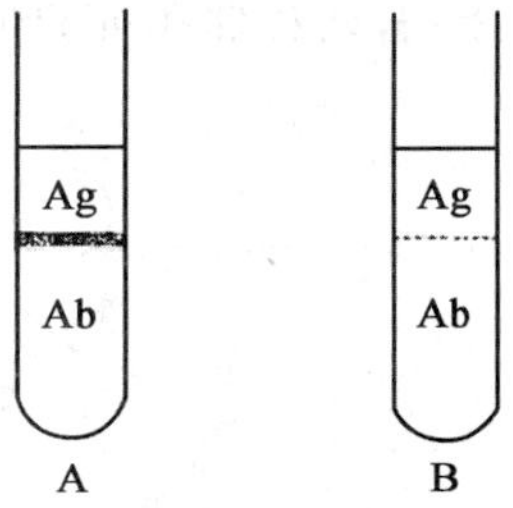

A. 有沉淀环的阳性管　B. 阴性管

图 9-6　环状沉淀反应原理示意图

三、琼脂扩散试验

琼脂扩散试验简称琼扩，抗原抗体在含有电解质的琼脂凝胶中扩散，当两者在比例适当处相遇时，即发生沉淀反应，出现肉眼可见的沉淀带，称为琼脂扩散试验。

琼脂扩散分为单扩散和双扩散。单扩散是抗原抗体中一种成分扩散，另一种成分均匀分布于凝固的琼脂凝胶中；而双扩散则是两种成分在凝胶内彼此都扩散。根据扩散的方向不同又分为单向扩散和双向扩散。向一个方向直线扩散者称为单向扩散，向四周辐射扩散者称为双向扩散。故琼脂扩散试验有单向单扩散、单向双扩散、双向单扩散和双向双扩散四种类型。最常用的是双向双扩散。

（一）单向单扩散

即在冷至 45 ℃左右的 0.5%～1.0%琼脂缓冲盐水中加入一定量的已知抗体，混匀后加入小试管中，凝固后将待检抗原加于其上，置密闭湿盒内，于 37 ℃温箱或室温扩散数小时，抗原在含抗体的琼脂凝胶中扩散，在比例最适处出现沉淀带。此沉淀带的位置随着抗原的扩散而向下移动，直至稳定。抗原浓度越大则沉淀带的距离也越大，因此可用于抗原定量。

（二）单向双扩散

在小试管内进行。先将含有抗体的琼脂加于管底，中间加一层不含抗体的同样浓度的琼脂，凝固后加待检抗原，置密闭湿盒内，于 37 ℃温箱或室温扩散数日。抗原抗体在中间层相向扩散，在比例最适处形成沉淀带。此法主要用于复杂抗原的分析，目前较少应用。

（三）双向单扩散

即在冷至 45 ℃左右的 2%琼脂缓冲盐水中加入一定量的已知抗体，制成厚 2～3 mm 的琼脂凝胶板，在板上打孔，孔径 3 mm，孔距 10～15 mm，于孔内滴加抗原后，置密闭湿盒内，37 ℃温箱或室温进行扩散。抗原在孔内向四周辐射扩散，与琼脂凝胶中的抗体接触形成白色沉淀环，环的大小与抗原浓度呈正比。

本法可用于抗原的定量和传染病的诊断，如马立克病，可将鸡马立克病毒高免血清浇成血清琼脂平板，拔取病鸡新换的羽毛数根，将毛根剪下，插于此血清平板上，阳性者毛囊中病毒抗原向四周扩散，形成白色沉淀环。

（四）双向双扩散

即用 1%琼脂制成厚 2～3 mm 的凝胶板，在板上按规定图形、孔径和孔距打圆孔，于相应孔内滴加抗原、阳性血清和待检血清，放于密闭湿盒内，置 37 ℃温箱或室温扩散数日，观察结果。

当用于检测抗原时，将抗体加入中心孔，待检抗原分别加入周围相邻孔，若均出现沉淀带且完全融合，说明是同种抗原；若两相邻孔沉淀带有部分相连并有交角时，表明二者有共同抗原决定簇;若两相邻孔沉淀带互相交叉,说明二者抗原完全不同(图 9-7)。

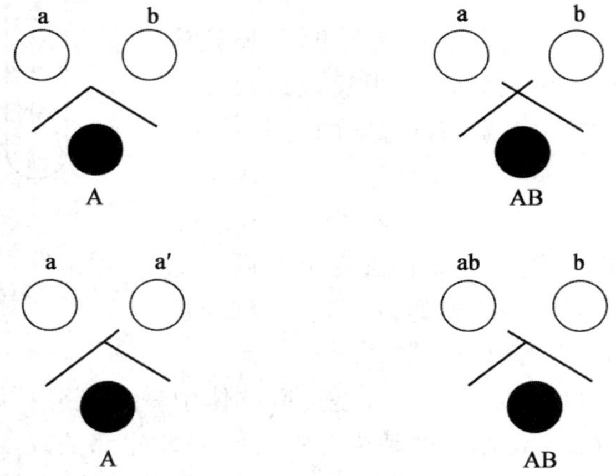

a,b 为单一抗原;ab 为同一分子上的两个决定簇;A、B 为抗体,a′为与 a 部分相同的抗原

图 9-7　双扩散用于检测抗体

当用于检测抗体时,将已知抗原置于中心孔,周围 1、2、3、4 孔分别加入待检血清,其余两对应孔加入标准阳性血清,若待检血清孔与相邻阳性血清孔出现的沉淀带完全融合,则判为阳性;若待检血清孔无沉淀带或出现的沉淀带与相邻阳性血清孔出现的沉淀带相互交叉的,判为阴性;若待检血清孔无沉淀带,但两侧阳性血清孔的沉淀带在接近待检血清孔时向内弯曲的,判为弱阳性,而向外弯曲的,则判为阴性(图 9-8)。

本法应用广泛,已普遍用于传染病的诊断和抗体的检测,如鸡马立克病、鸡传染性法氏囊炎、禽流感、霉形体病、鸡传染性喉气管炎、伪狂犬病、牛地方性白血病、马传染性贫血和蓝舌病等。

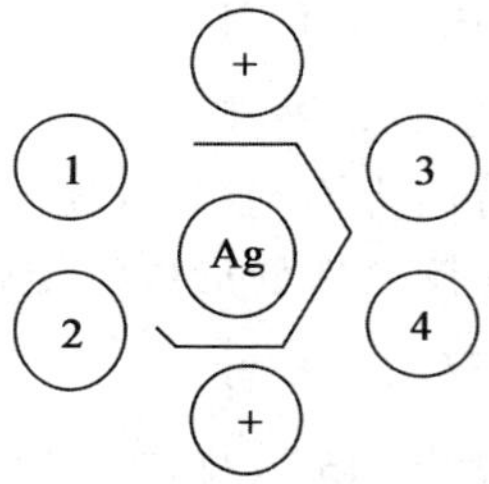

Ag:抗原　+:阳性血清　1、2、3、4:待检血清

图 9-8　双向双扩散用于检测抗体结果判定

(五)免疫电泳试验

免疫电泳技术是凝胶扩散试验与电泳技术相结合的免疫检测技术,在抗原抗体凝胶扩散的同时,加入电泳的电场作用,使抗体或抗原在凝胶中的扩散移动速度加快,缩短了试验时间;同时限制了扩散移动的方向,使集中朝电泳的方向扩散移动,增加了试验的敏感性,因此此方法比一般的凝胶扩散试验更快速和灵敏。根据试验的用途和操作不同可分为免疫电泳、对流免疫电泳、火箭免疫电泳等技术。

1. 免疫电泳

免疫电泳(immunoelectrophoresis)技术由琼脂双扩散与琼脂电泳技术结合而成。不同带电颗粒在同一电场中,其泳动的速度不同,通常用迁移率表示,如其他因素恒定,则迁移率主要决定于分子的大小和所带净电荷的多少。蛋白质为两性电解质,每种蛋白质都有它自己的等电点,在 pH 大于其等电点的溶液中,羧基离解多,此时蛋白质带负电,向正极泳动;反之,在 pH 小于其等电点的溶液中,氨基离解多,此时蛋白质带正电,向负极泳动。pH 离等电点越远，所带净电荷越多，泳动速度也越快。因此，可以通过电泳将复合的蛋白质分开。检样先在琼脂凝胶板上电泳，将抗原的各个组分在板上初步分开。然后再在点样孔一侧或两侧打槽，加入抗血清，进行双向扩散。电泳迁移率相近而不能分开的抗原物质，又可按扩散系数不同形成不同的沉淀带，进一步加强了对复合抗原组成的分辨能力。

免疫电泳需选用优质琼脂，亦可用琼脂糖。琼脂质量分数为1%～2%，pH应以能扩大所检复合抗原的各种蛋白质所带电荷量的差异为准，通常pH为6～9。血清蛋白电泳则常用pH 8.2～8.6的巴比妥缓冲液，离子浓度为0.025～0.075 mol/L，并加0.01%硫柳汞作防腐剂。

各种抗原根据所带电荷性质和净电荷多少，按各自的迁移率向两极分开，扩散与相应抗体形成沉淀带。沉淀带一般呈弧形。抗原量过多者，则沉淀弧顶点靠近抗血清槽，带宽而色深，如血清白蛋白所形成的带。抗原分子均一者，呈对称的弧形，分子不均一，而电泳迁移率又不一致者，则形成长的平坦的不对称弧，如球蛋白所形成的带。电泳迁移率相同而抗原性不同者，则在同一位置上可出现数条沉淀弧。相邻的不同抗原所形成的沉淀可互相交叉。

2.对流免疫电泳

对流免疫电泳是在电场的作用下，利用抗原抗体相向扩散的原理，使抗原抗体在电场中定向移动，限制了双向双扩散时抗原、抗体向多方向的自由扩散，可以提高试验的敏感性，缩短反应时间。

试验时，在pH为8.6的琼脂凝胶板上打孔，两孔为一组，孔径3 mm，抗原、抗体孔间距为4～5 mm。将抗原加入负极端孔内，抗体加入正极端孔内，用2～4 mA/cm电流电泳1 h左右，观察结果，在两孔之间出现沉淀带的为阳性反应(图9-9)。沉淀带出现的位置与抗原抗体的泳动速度及含量有关，当二者平衡时所形成的沉淀带在两孔之间，呈一直线。若二者泳动速度差异悬殊时，则沉淀带位于对应孔附近，呈月牙形。而如果抗原或抗体含量过高时，可使沉淀带溶解。因此，对每份检样应选2～3个稀释度进行试验。

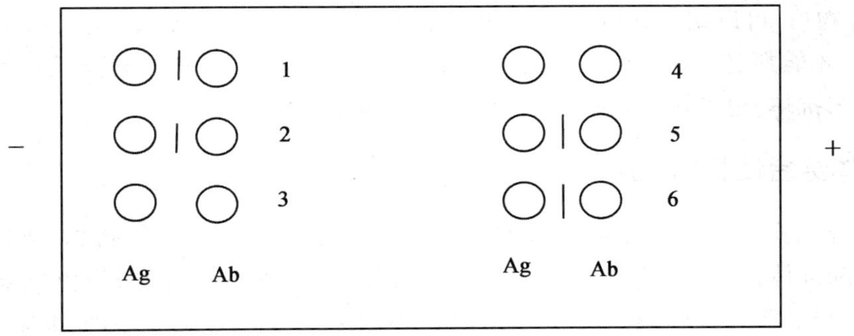

Ag:抗原　Ab:抗体
Ab 1:阳性血清　Ab 4:阴性血清
2、3、5、6:待检血清

图9-9　对流免疫电泳示意图

3.火箭免疫电泳

火箭免疫电泳是单向单扩散和电泳技术相结合的一种血清学试验，是让抗原在电场的作用下，在含有抗体的琼脂中定向泳动，二者比例合适时形成类似火箭样的沉淀峰。沉淀峰的高度与抗原的浓度成正比。

试验时，在冷至56 ℃左右的巴比妥缓冲液琼脂中加入一定量的已知抗体，制成琼脂凝胶板。在板的负极端打一排孔，孔径3 mm，孔距8 mm，然后滴加待检抗原和已知抗原，以2～4 mA/cm电流电泳1～5 h。若抗原与抗体比例合适，则孔前出现顶端完全闭合的火箭状沉淀峰(图9-10)；抗原大量过剩时或不形成沉淀峰，或沉淀峰不闭合；抗原中等过剩时沉淀峰呈圆形；当二者比例不适当时，常不能形成火箭状沉淀峰。

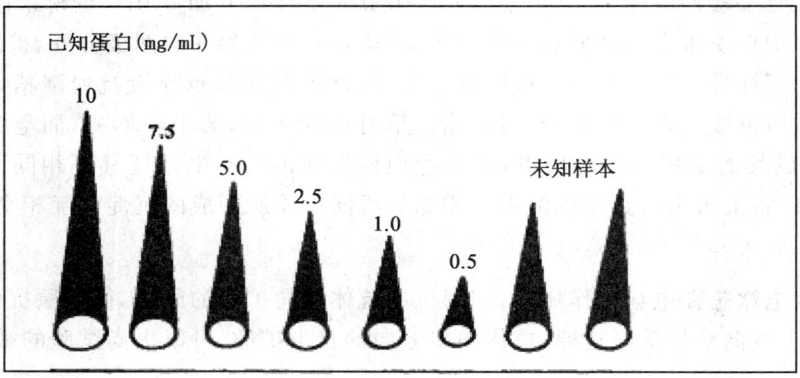

图9-10　火箭免疫电泳

任务四　补体结合试验

补体结合试验是应用可溶性抗原(如蛋白质、多糖类、脂质、病毒等)与相应抗体结合成抗原-抗体复合物后，可以结合补体，但这一反应肉眼看不到，只有在加入一个指示系统即溶血系统的情况下，才能判定。参与反应的抗体主要是IgG和IgM。补体结合试验通常是利用已知抗原检测未知抗体，也可用已知抗体来检测未知抗原。

一、补体结合试验的原理

补体结合试验中有两大系统共五种成分：一个为反应系统，即已知抗原(或抗体)、待检抗体(或抗原)和补体；另一个为溶血指示系统，常用绵羊红细胞和溶血素(兔抗绵羊红细胞抗体)。当抗原与血清混合后，若两者是对应的，则发生特异性结合反应，形成抗原-抗体复合物，这时如果加入补体，因补体没有特异性，能与任何一组抗原-抗体复合物结合而被固定，不再游离存在。如果抗原、抗体不相适应或没有特异性抗体存在，则不能形成抗原-抗体复合物，加入补体，补体不被固定，依然游离存在。

由于许多抗原是非细胞性的，而且抗原、抗体和补体都是用缓冲液稀释的比较透明的液体，补体是否与抗原-抗体复合物结合，肉眼看不到，所以还要加入溶血指示系统。如果不发生溶血现象，就说明补体不游离存在，表明反应系统中的抗原和抗体是对应的，它们所组成的抗原-抗体复合物把补体结合了。如果发生了溶血现象，则表明补体依然游离存在，也就表示反应系统中的抗原和抗体不相对应，或者两者缺一，不能结合补体(图9-11)。

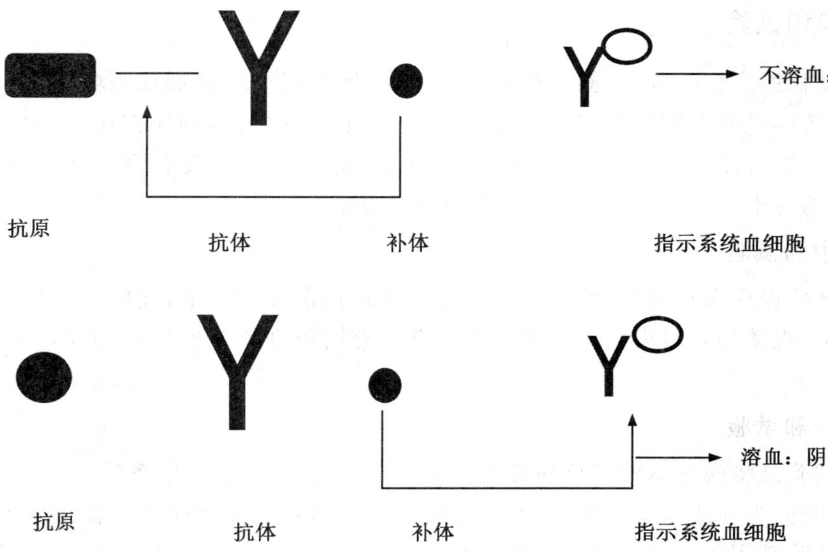

图 9-11　补体结合反应原理示意图

二、补体结合试验的应用

补体结合试验可用于检测未知抗原或抗体，生产上可用于多种传染病如口蹄疫、水泡病、副结核病、山羊传染性胸膜肺炎、禽衣原体病等的诊断及抗原的定型。但由于操作较烦琐，影响因素较多，已逐渐为其他简易敏感的试验所替代。

任务五　中和试验

病毒或毒素与相应抗体结合后，丧失了对易感动物、鸡胚和易感细胞的致病力，称为中和试验。本试验具有高度的特异性和敏感性，并有严格的量的关系。

一、毒素和抗毒素中和试验

由外毒素或类毒素刺激机体产生的抗体，称为抗毒素。抗毒素能中和相应的毒素，使其失去致病力。主要有体内和体外两种方法。

(一)体内中和试验

体内中和试验是将一定量的抗毒素与致死量的毒素混合，在恒温下作用一定时间后，接种实验动物，同时设不加抗毒素的对照组。如果试验组的动物被保护，而对照组的动物死亡，即证明毒素被相应抗毒素中和。在兽医临床上，常用于魏氏梭菌和肉毒梭菌毒素的定型。做此试验时，首先要测定毒素的最小致死量或半数致死量。

(二)体外中和试验

体外中和试验即在细胞培养上进行的毒素中和试验和溶血毒素中和试验。方法同上。

二、病毒中和试验

病毒免疫动物所产生的抗体,能与相应病毒结合,使其感染性降低或消失,从而丧失致病力。应该注意,抗体只能在细胞外中和病毒,对已进入细胞的病毒,则无作用。而且抗体并不都有中和活性,有些抗体与病毒结合后不能使其失活,如马传染性贫血病毒与相应抗体结合后,仍保持高度的感染力。试验有体内和体外两种方法。

(一)体内中和试验

体内中和试验也称保护试验,即先给实验动物接种疫苗或抗血清,间隔一定时间后,再用一定量病毒攻击,视动物是否得到保护来判定结果。常用于疫苗免疫原性的评价和抗血清的质量评价。

(二)体外中和试验

体外中和试验是将病毒悬液与抗病毒血清按一定比例混合,在一定条件下作用一段时间,然后接种易感动物、鸡胚或易感细胞,根据接种后动物、鸡胚是否得到保护,细胞是否有病变来判定结果。此试验常用于病毒性传染病的诊断,如口蹄疫、猪水泡病、蓝舌病、牛黏膜病、牛传染性鼻气管炎、鸡传染性喉气管炎、鸭瘟和鸭病毒性肝炎等的诊断。此外,还可用于新分离病毒的鉴定和定型等。

任务六　免疫标记技术

抗原抗体的结合具有高度特异性,其反应强度与抗原或抗体的量有关。在反应量不足或抗原为半抗原、抗体为单价抗体时,肉眼不易察出。而有一些物质即使在含量极微时仍能用某种特殊的理化测试仪器将其检测出来。如将这些物质标记在抗体或抗原分子上,它就能追踪抗原或抗体并与之结合,通过化学或物理的手段使不可见的反应放大、转化为可见的、可测知的、可描记的光、色、电、脉冲等信号。根据抗原抗体结合的特异性和标记分子的敏感性建立的试验技术,就称为免疫标记技术。主要有荧光抗体技术、酶标记抗体技术、放射免疫技术等。这些技术可用于检测抗原或抗体,其特异性和敏感性远远高于常规的血清学技术。以下着重介绍荧光抗体技术和酶标记抗体技术。

一、荧光抗体技术

又称免疫荧光技术,是用荧光色素对抗体或抗原进行标记,再与相应抗原或抗体结合,然后在荧光显微镜下观察荧光以分析示踪相应的抗原或抗体的方法。本法既有免疫学的特异性和敏感性,又有借助显微镜观察的直观性与精确性,已广泛应用于细菌、病毒、原虫等的鉴定和传染病的快速诊断。

(一)荧光色素的选择

用于标记抗体或抗原的荧光色素必须具有活性基团,使之易与蛋白质稳定结合,能发射可见的荧光颜色,荧光效率高,性质较稳定,不影响抗体或抗原的免疫活性以及抗原与抗体的特异性结合。目前广泛用于标记抗体或抗原的荧光色素主要是异硫氰酸荧光素(FITC),此外还有四乙基罗丹明（RB200）、四甲基异硫氰酸罗丹明（TMRITC）和三氯三嗪基氨基荧光素（DTAF）等。其中FITC应用最广，为黄色结晶，最大吸收波长为490～495 nm，最大发射光波长为520～530 nm，FITC分子中含有异硫氰基，在碱性（pH 9.0～9.5）条件下能与IgG分子的自由氨基结合，形成FITC-IgG结合物，从而制成荧光抗体。用FITC标记抗体染色标本镜检时，抗原所在部位呈现明亮的黄绿色荧光。

抗体经荧光色素标记后，不影响与抗原的结合能力和特异性。当荧光抗体与相应的抗原结合时，就形成了带有荧光性的抗原-抗体复合物，从而可在荧光显微镜下检出抗原的存在。

（二）标本片的制备

根据待检样品的性质不同可采取不同的制备方法。细菌培养物、感染动物的组织或血液、脓汁、粪便和尿沉渣等，可制备涂片或压印片，感染组织还可制备冰冻切片或低温石蜡切片。对于病毒也可用生长在盖玻片上的单层细胞培养作标本。

标本的固定常用丙酮和95%乙醇。固定的目的一是防止待检材料从玻片上脱落，二是消除抑制抗原抗体反应的因素。固定后的标本应随即用PBS反复冲洗，干燥后即可染色。

（三）染色方法

荧光抗体染色方法有直接法和间接法。

1.直接法

用荧光抗体直接检查抗原。即直接滴加相应荧光抗体于标本区，置湿盒内，于37 ℃温箱染色30～60 min后取出，用0.01 mol/L PBS（pH为7.2～7.4）充分漂洗3次，每次3～5 min，再用蒸馏水漂洗2次，每次1～2 min，吹干，然后滴加缓冲甘油封片，即可于荧光显微镜下观察。标本片中若有相应的抗原存在，即可与荧光抗体结合，在镜下可见有荧光抗体围绕在受检抗原周围，发出黄绿色荧光（图9-12）。直接法应设以下对照：标本自发荧光对照、阳性标本和阴性标本对照。该方法优点是简便、特异性高、非特异性荧光染色少；缺点是敏感性偏低，而且每检一种抗原就需要制备一种荧光抗体。

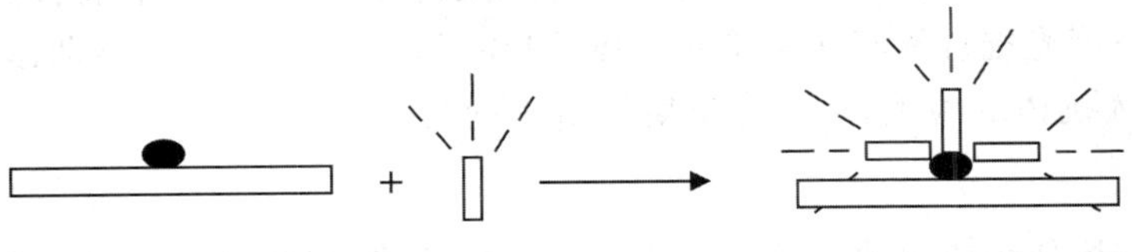

图9-12　荧光抗体染色法（直接法）

2.间接法

先将已知未标记的抗体加到未知抗原上或用未知未标记抗体加到已知抗原上，再滴加相应的荧光抗抗体。如抗原与抗体发生反应，标记的抗抗体就会和已结合的抗体进行结合，从而可鉴定未知的抗原或抗体。试验时，于标本区滴加未标记的相应抗体，置湿盒内，于37 ℃温箱作用30～60 min，取出后以0.01 mol/L PBS（pH为7.2～7.4）充分漂洗3次，每次3～5 min，再用蒸馏水漂洗2次，每次1～2 min，吹干，然后滴加荧光抗抗体，置湿盒内，于37 ℃温箱染色30 min，再如前漂洗、吹干，滴加缓冲甘油后封片、镜检。

阳性者会形成抗原-抗体-荧光抗抗体复合物，发黄绿色荧光（图9-13）。间接法设置的对照，除标本自发荧光、阳性标本和阴性标本对照外，首次试验时应设无中间层对照（标本加标记的抗抗体）和阴性血清对照（中间层用阴性血清代替特异性抗血清）。间接法比直接法敏感，对一种动物而言，只需制备一种荧光抗抗体，即可用于多种抗原或抗体的检测，镜检所见荧光也比直接法明亮。

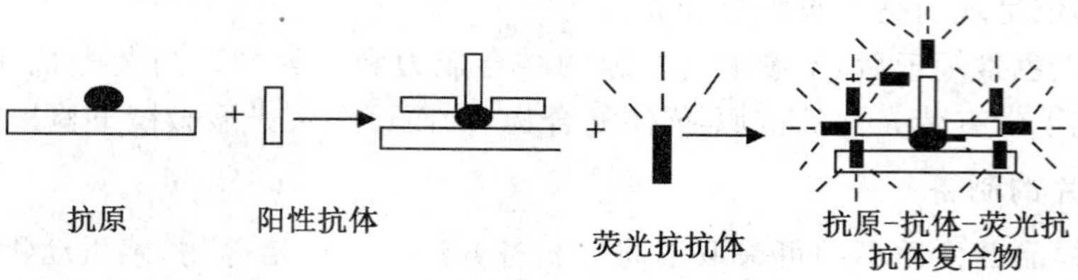

图 9-13　荧光抗体染色法（间接法）

（四）荧光显微镜检查

标本滴加缓冲甘油后用盖玻片封好，即可在荧光显微镜下观察。荧光显微镜的光源是高压汞灯或溴钨灯，并有一套位于集光器与光源之间的激发滤光片，它只让一定波长的紫外光及少量可见光（蓝紫光）通过。此外，还有一套位于目镜内的屏障滤光片，它只让激发的荧光通过，而不让紫外光通过，以保护眼睛并能增加反差。为了直接观察微量滴定板中的抗原抗体反应，如感染细胞培养中的荧光，可使用倒置荧光显微镜观察。

（五）免疫荧光技术的应用

1．细菌学诊断

利用免疫荧光抗体技术可直接检出或鉴定新分离的细菌，具有较高的敏感性和特异性。链球菌、致病性大肠杆菌、沙门菌、布鲁氏菌等均可采用免疫荧光抗体染色进行检测盒鉴定。动物的粪便、黏膜拭子涂片、病变组织的触片或切片等均可作为检测样本，经直接法检出目的菌，具有很高的诊断价值。对含菌量少的标本，可采用滤膜集菌法，然后直接在滤膜上进行免疫荧光染色。免疫荧光抗抗体间接法检测抗体，可用于流行病学调查、早期诊断和现症诊断。如钩端螺旋体 IgM 抗体的检测，可作为早期诊断或近期感染的指征。

2．病毒病诊断

用免疫荧光抗体技术直接检出病畜病变组织中的病毒，已成为病毒感染快速诊断的重要手段。如猪瘟、鸡新城疫等可取感染组织做成冰冻切片或触片，用直接或间接免疫荧光染色可检出病毒抗原，一般可在 2 h 内作出诊断报告。猪流行性腹泻在临床上与猪传染性胃炎十分相似，将患病小猪小肠冰冻切片用猪流行性腹泻的特异性荧光抗体做直接免疫荧光检查，即可对猪流行性腹泻进行确诊。

对含毒较低的病理组织，需先经细胞短期培养增殖后，再用荧光抗体检测病毒抗原，可提高检出率。某些病毒如猪瘟病毒、猪圆环病毒，在细胞培养上不出现细胞病变，即可应用免疫荧光作为病毒增殖的指征。应用间接免疫荧光染色法检测血清中的病毒抗体，也常作为诊断和流行病学调查之用，尤以 IgM 型抗体的检出可供早期诊断和作为近期感染的指征。

3．其他方面的应用

免疫荧光抗体已广泛应用于淋巴细胞 CD 分子和膜表面免疫球蛋白（mIg）的检测，为淋巴细胞的分类和亚型鉴定提供研究手段。用抗 IgM 和 IgG 的抗血清标记 SPA 荧光菌体做荧光 SPA 花环试验，可计算带有 mIgG 的 B 细胞的百分率。

二、酶标记抗体技术

又称免疫酶技术，是利用抗原抗体的特异性结合和酶的高效特异的催化作用显色而建立起来的免疫检测技术。常用的标记酶是辣根过氧化物酶(HRP)，其作用底物为过氧化氢，催化时需要供氢体，无色的供氢体氧化后生成有色产物，使不可见的抗原抗体反应转化为可见的呈色反应。常用的供氢体有邻苯二胺(OPD)和 3,3-二氨基联苯胺(DAB)，OPD 反应后形成可溶性的橙色物质，最大吸收波长为 492 nm，可用肉眼判定。OPD 不稳定，须现用现配，常作为酶联免疫吸附试验中的显色剂。OPD 有致癌性，操作时要做好防护。现常用 TMB(四甲基联苯胺)替代 OPD 作为酶联免疫吸附试验中的显色剂。DAB 反应后形成不溶性的棕色产物，可用光学显微镜和肉眼观察，适用于各种免疫酶组织化学法。下面主要介绍免疫酶组织化学染色法、酶联免疫吸附试验和斑点酶联免疫吸附试验。

(一)免疫酶组织化学染色技术

又称免疫酶染色法，是将免疫酶应用于组织化学染色，以检测组织和细胞中或固相载体上抗原或抗体的存在及其分布位置的技术。

1. 标本制备和处理

用于免疫酶染色的标本有组织切片(冷冻切片或低温石蜡切片)、组织压印片、涂片以及细胞培养的单层细胞盖片等。这些标本的制备和固定与荧光抗体技术相同，但还需进行一些特殊处理。

用酶结合物做细胞内抗原定位时，由于组织和细胞内含有内源性过氧化酶，可与标记在抗体上的过氧化物酶在显色反应上发生混淆。因此，在滴加酶结合物之前通常将制片浸于 0.3% H_2O_2 中室温处理 15～30 min，以消除内原酶。应用 1%～3% H_2O_2 甲醇溶液处理单纯细胞培养标本或组织涂片，低温条件下作用 10～15 min，可同时起到固定和消除内原酶的作用，效果比较好。

组织成分对球蛋白的非特异性吸附所致的非特异性背景染色，可用 10% 卵蛋白作用 30 min 进行处理，用 0.05%吐温-20 和含 1%牛血清白蛋白(BSA)的 PBS 对细胞培养标本进行处理，同时可起到消除背景染色的效果。

2. 染色方法

可采用直接法、间接法、抗抗体搭桥法等各种染色方法，其中直接法和间接法最常用。反应中每加一种反应试剂，均需于 37 ℃作用 30 min，然后以 PBS 反复洗涤 3 次，以除去未结合物。

(1)直接法　用酶标记抗体直接处理含待检抗原的标本，洗涤后浸于含有 H_2O_2 和 DAB 的显色反应液中作用，然后在普通光学显微镜下观察颜色反应，抗原所在部位呈棕黄色。

(2)间接法　含待检抗原的标本先用未标记的抗血清处理，洗涤后再用相应的酶标记抗抗体处理，洗涤，然后浸于含有 H_2O_2 和 DAB 的显色反应液中作用，普通光学显微镜下观察颜色反应，以指示是否有抗原-抗体-抗抗体复合物存在。

3. 显色反应

免疫酶组化染色中的最后一环是用相应的底物使反应显色。不同的酶所用底物和供氢体不同。同一种酶和底物如用不同的供氢体，则其反应物的颜色也不同。如辣根过氧化物酶，在组化染色中最常用 DAB，用前以 0.05 mol/L，pH 7.4～7.6 的 Tris-HCl 缓冲液配成 50～75 μg/100 mL 溶液，并加少量 0.01%～0.03% 的 H_2O_2 混匀后加于反应物中置室温 10～30 min，反应产物呈深棕色；如用甲萘酚，则反应产物呈红色；用 4-氯-1-萘酚，则呈浅蓝色或蓝色。

4. 标本观察

显色后的标本可在普通显微镜下观察，抗原所在部位 DAB 显色呈棕黄色。也可用常规染料作反衬染色，使细胞结构更为清晰，有利于抗原的定位。本法优于免疫荧光抗体之处，在于无需应用荧光显微镜，且标本可以长期保存。

(二)酶联免疫吸附试验

酶联免疫吸附试验(enzyme linked-immunosorbent assay，ELISA)，为一种固相免疫酶测定技术，是当前应用最广、发展最快的一项新技术。其基本过程是将抗原或抗体吸附于固相载体的表面，在载体上进行免疫酶染色，底物显色后用肉眼或分光光度计判定结果。

1. 固相载体

目前最常用的载体是聚苯乙烯微量滴定板，加样孔呈凹形，操作简便，有利于大批样品的检测。新板可直接使用或在使用前用蒸馏水冲洗干净，自然干燥后备用。一般均一次性使用。

2. 包被

将抗原或抗体吸附于固相载体表面的过程，称为载体的致敏或包被。用于包被的抗原或抗体必须高度纯化，才能牢固地吸附在固相载体的表面，并保持其免疫活性。大多数蛋白质可以吸附于载体表面，但吸附能力不同。可溶性物质或蛋白质抗原，例如病毒蛋白、细菌脂多糖、变性的 DNA 等均较易包被上去。较大的病毒、细菌或寄生虫等难以吸附，需要将它们用超声波打碎或用化学方法提取抗原成分，才能供试验用。

适宜的条件更有利于蛋白质包被于载体表面。包被的蛋白质浓度通常为 1～10 μg/mL。通常用 0.1 mol/L pH 9.6 碳酸盐缓冲液作包被液。一般包被均在 4 ℃冷藏过夜，也可 37 ℃ 2～3 h 进行包被。包被好的滴定板可用真空塑料封存，于 4 ℃或 -20 ℃保存。

3. 洗涤

在 ELISA 的整个过程中，需进行多次充分洗涤，避免非特异性吸附反应。通常采用含吐温-20(浓度为 0.05%)的 PBS 液作洗涤液，洗涤时，先将包被时加入的溶液倒掉，吸干，然后加入洗涤液洗涤 3～5 次，每次 3 min，倒掉洗涤液，在吸水纸上拍干。

4. 实验方法

ELISA 试验方法主要有以下几种：

(1)间接法　用于测定抗体。用抗原包被固相载体，然后加入待检血清样品，经孵育一定时间后，若待检血清中含有特异性抗体，即与固相载体表面的抗原结合形成抗原-抗体复合物。洗涤除去其他成分，再加上酶标记的抗抗体，反应后充分洗涤，之后加入底物，酶与底物发生反应，产生有色物质，判定结果(图 9-14)。颜色的深浅与待检血清样品中抗体浓度成正比。样品中含抗体越多，出现颜色越快越深。

（2）双抗体夹心法　用于测定大分子抗原。将纯化的阳性抗体吸附于固相载体上，加入待测抗原，作用一定时间后，洗涤除去未结合物，再加入酶标记的特异性抗体，使之与固相载体表面的抗原结合，再洗涤除去多余的酶标抗体，最后加入底物显色而判定结果（图 9-15）。

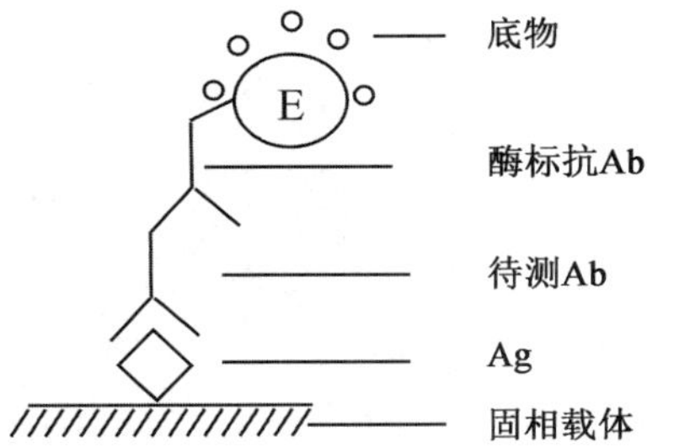

图 9-14　间接法

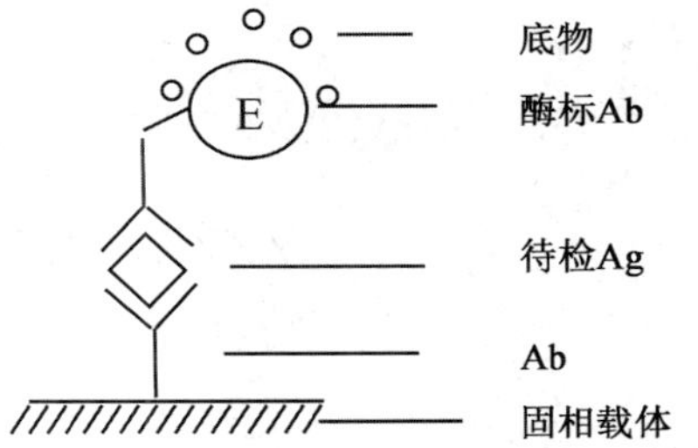

图 9-15　双抗体夹心法

（3）竞争法　用于测定小分子抗原及半抗原。用特异性抗体吸附于固相载体上，加入含待测抗原的溶液和一定的酶标记抗原，共同作用一定时间，对照组仅加酶标抗原，洗涤后加底物溶液，被结合的酶标记抗原的量由酶催化底物反应产生有色物质的量来确定。如待测溶液中抗原越多，被结合的酶标记抗原的量越少，有色产物越少。根据有色产物的变化求出未知抗原的量。缺点是每种抗原都需进行酶标记，而且因抗原结构不同，还需应用不同的结合方法。此外，试验中应用酶标抗原的量较多。此法的优点是出结果快，且可用于检测小分子抗原或半抗原（图 9-16、图 9-17）。

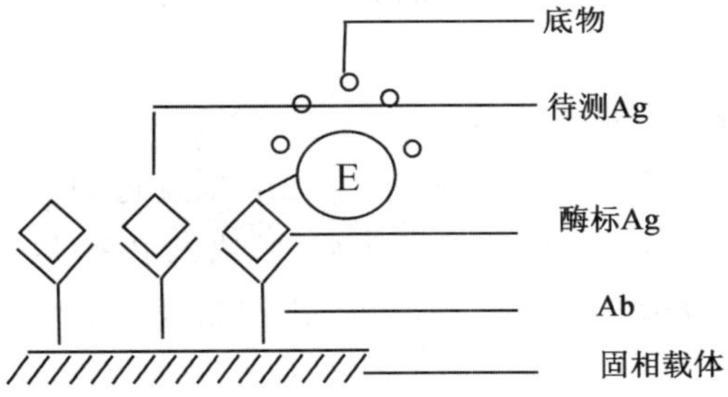

图 9-16　竞争法（试验组）

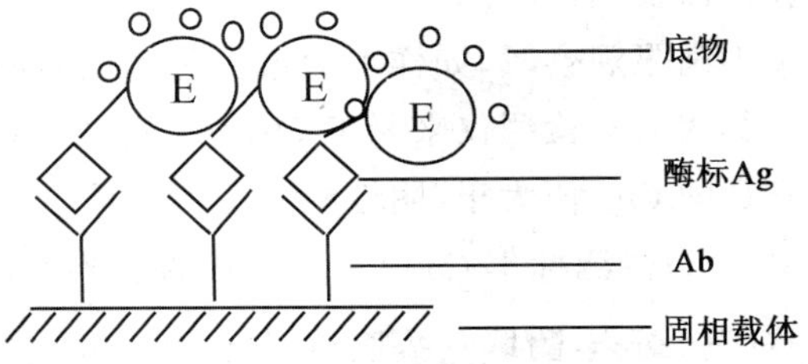

图 9-17　竞争法（对照组）

（4）双夹心法　用于测定大分子抗原。此法是采用酶标抗抗体检测多种大分子抗原，它不仅不必标记每种抗体，还可提高试验的敏感性。将阳性抗体（Ab1，如豚鼠免疫血清）吸附于固相载体上，洗涤除去未吸附的抗体；加入待测抗原（Ag），使之与固相载体上的抗体结合，洗涤除去未结合的抗原；再加入不同种动物制出的特异性相同的抗体（Ab2，如兔免疫血清），使之与固相载体上的抗原结合，洗涤后加入酶标抗 Ab2 抗体（如羊抗兔球蛋白抗体），使之结合在 Ab 上，最后形成 Ab1-Ag-Ab2-酶标抗 Ab2 抗体的复合物，洗涤后加底物显色而判定结果（图 9-18）。本法的优点是只需制备一种酶标抗体即可检测各种抗原抗体系统。

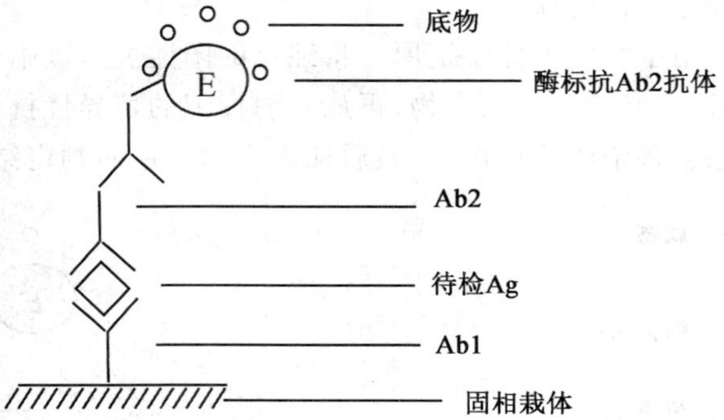

图 9-18　双夹心法

目前多采用 ELISA 试剂诊断盒进行检测。本试验广泛用于猪瘟、猪传染性胃肠炎、猪繁殖与呼吸综合征、流行性乙型脑炎、伪狂犬病、弓形虫病、旋毛虫病和鸡新城疫等传染病的诊断。

5. 底物显色

最常用的底物为四甲基联苯胺(TMB)，产物呈蓝色，对光敏感，因此要避光进行显色反应。底物溶液应现用现配。底物显色以室温 15 min 为宜。反应结束，每孔加一定量的浓硫酸终止反应，终止后蓝色变为黄色。

6. 结果判定

ELISA 试验结果可用肉眼观察，也可用酶标检测仪测定样品的光吸收值(OD 值)。每次试验都需设阳性和阴性对照。

①肉眼观察时，如样本颜色反应超过阴性对照，即判为阳性。

②用酶标检测仪来测定 OD 值，如以 TMB 为底物，常采用波长 450 nm 来进行测量。如果样品的 OD 值大于(阴性标本均值＋两个标准差＋0.2～0.4)则判为阳性；或以 P/N 值判定结果：P 为待测标本 OD 值，N 为阴性标本平均 OD 值。如果 P/N≥1.5 则样品判为阳性。

(三)斑点-酶联免疫吸附试验

该试验是近几年创建的一项免疫酶新技术，不仅保留了常规 ELISA 的优点，而且还弥补了抗原或抗体对载体包被不牢等缺点，以其独特的优势，广泛用于猪瘟、猪伪狂犬病、猪细小病毒病、牛副结核、马传染性贫血等多种传染病的抗原和抗体的检测以及杂交瘤细胞的筛选。其原理是以纤维素薄膜为固相载体，在膜上进行免疫酶反应。先将抗原或抗体吸附在纤维素膜的表面，通过相应的抗体或抗原和酶标记物的一系列反应，形成酶标记抗原抗体复合物，加入底物后，结合物上的酶催化底物使其水解、氧化成另一种带色物质，沉着于抗原抗体复合物吸附部位，呈现出肉眼可见的颜色斑点，试验结果可通过颜色斑点的出现与否和色泽深浅进行判定。

免疫酶技术是血清学试验中最为完善的一类免疫检测技术，可用于抗原或抗体的定性、定量和定位分析，而且具有敏感、特异、简便、快速、易标准化和商品化等优点。

(四)酶标抗体技术的应用

酶标抗体技术具有敏感、特异、简便、快速、易于标准化和商品化等优点，是当前应用最广、发展最快的一项新技术。目前已广泛应用于多种细菌病和病毒病的诊断和检测，并多数是利用商品化的 ELISA 试剂盒进行操作，如猪传染性胃肠炎、牛副结核病、牛结核病、鸡新城疫、牛传染性气管炎、猪伪狂犬病、蓝舌病、蓝耳病、猪瘟、口蹄疫等传染病的诊断和抗体监测常用此技术。

三、胶体金标记技术

胶体金免疫标记技术是 20 世纪 80 年代发展起来的免疫检测技术。近年来该技术发展很快，已广泛应用于抗体或抗原的监测及定位分析。

1. 原理

胶体金免疫技术是以胶体金作为标记物应用于抗原或抗体检测的一种新型的免疫标记技术。胶体金是由氯金酸($HauCl_4$)在还原剂如白磷、抗坏血酸、枸橼酸钠、鞣酸等作用下，聚合成为特定大小的金颗粒，并由于静电作用成为一种稳定的胶体状态，称为胶体金。胶体金在弱碱环境下带负电荷，可与蛋白质分子的正电荷基团牢固地结合，由于这种结合是静电结合，所以不影响蛋白质的生物特性。

胶体金除了与蛋白质结合以外，还可以与许多其他生物大分子结合，如 SPA、PHA、ConA 等。根据胶体金的一些物理性状，如高电子密度、颗粒大小、形状及颜色反应，加上结合物的免疫和生物学特性，因而使胶体金广泛地应用于免疫学、组织学、病理学和细胞生物学等领域。

2. 检测试验类型

(1)胶体金免疫凝集试验　该试验具有试剂稳定、用量少、反应快、结果易判定的特点。优于红细胞凝集试验和乳胶凝集试验。

(2)胶体金免疫光镜染色　用标记有胶体金颗粒的抗体与组织切片反应，在光学显微镜下观察胶体金颗粒结合部位，可进行抗原定位分析。

(3)胶体金免疫电镜染色　将病毒等抗原置于铜网上，加抗体反应，再与 SPA 包被胶体金颗粒反应，在电镜下观察胶体金结合部位，可用于抗原或抗体检测。用胶体金颗粒抗体处理超薄样品切片，在电镜下还可进行抗原亚细胞水平定位分析。

四、免疫检测新技术

1. SPA 免疫检测技术

葡萄球蛋白 A(SPA)是金黄色葡萄球菌细胞壁的表面蛋白质，由于 SPA 具有能与多种动物 IgG 的 Fc 片段结合的特性，因而成为免疫检测技术中的一种极为有用的试剂。

2. 生物素亲和素免疫检测技术

利用生物素与亲和素专一性结合以及生物素、亲和素既可标记抗原或抗体，又可被标记物所标记的特性，可建立生物素-亲和素系统来显示抗原抗体特异性反应的各种免疫检测技术。

3. 免疫电镜技术

免疫电镜技术(IEM)是将抗原抗体反应的特异性与电镜的高分辨力相结合的检测技术,该方法始建于1941年。IEM可用于在电镜下利用标记抗体,直接对抗原在分子水平上进行定位;也可利用特异性抗体捕获、浓缩相应的病毒,经负染后在电镜下检查病毒粒子,可用于病毒病的诊断。

4. 免疫转印技术

免疫转印技术又称蛋白质印迹或 Western blotting,是一种将蛋白质凝胶电泳、膜转移电泳与抗原抗体反应相结合的新型免疫分析技术,是蛋白质组分分析和蛋白多肽分子质量分析的主要方法,已广泛用于病毒蛋白和基因表达重组蛋白多肽的分析,是基因工程研究中不可缺少的方法之一。

5. 免疫沉淀技术

免疫沉淀技术是将放射性同位素标记、免疫沉淀、SDS-聚丙烯酰胺凝胶电泳和放射自显影技术相结合而建立起来的一种新型免疫学技术。

6. PCR-ELISA 技术

PCR-ELISA 技术是将 PCR 与 ELISA 相结合的一种抗原检测技术,又称为免疫 PCR。特点是利用 PCR 的指数级扩增效率带来极高的敏感度,同时具有高特异性的抗原检测系统,具有高灵敏度,检测结果可靠,可以进行半定量检测等优点,主要用于检测体内激素、肿瘤、病毒、细菌等微量抗原。

7. 化学发光免疫测定

1977年,Halman 第一次把化学发光与免疫测定法结合起来,创立了化学发光免疫测定(CLIA)。化学发光免疫测定具有明显的优越性:①敏感度高,甚至超过 RIA(放射免疫分析)。②精密度和准确性均可与 RIA 相比。③试剂稳定,无毒害。④测定耗时短。⑤测定项目多。⑥可发展成自动化测定系统,应用于大分子印迹、核酸杂交检测、酶底物辅助因子标记、肿瘤标记、毒效检测、基因探查等广泛领域。

8. 免疫传感器

将高灵敏度的传感技术与特异性免疫反应结合起来,用以检测抗原抗体反应的生物传感器称为免疫传感器。

9. 免疫核酸探针技术

在核酸杂交中,为避免同位素探针半衰期短、操作不安全和废物难以处理的弊端,把免疫学方法引入核酸杂交技术,开拓了免疫核酸探针新技术,使分子杂交水平上了一个新的台阶。

10. 生物芯片

通过微加工技术和微电子技术,将成千上万与生命相关的信息,集成在一块1 cm见方的硅、玻璃、塑料等材料制成的芯片上,以实现基因、细胞、蛋白质、抗原以及其他生物组分准确、快速、大信息量的分析和检测。依据固定物的不同,可分为 DNA 芯片、RNA 芯片、蛋白质芯片等。

任务七　血清学试验技术

机体对某种病原体产生的特异性免疫包括体液免疫和细胞免疫，前者表现为机体血清中出现大量特异性抗体，后者则表现为体内产生对同种抗原产生反应的致敏淋巴细胞。免疫诊断的内容包括以抗原和抗体特异性结合为基础而建立发展起来的血清学试验技术、细胞免疫的检测技术以及体内变态反应检测等，目前已广泛应用于传染病、寄生虫病、肿瘤、自身免疫病和变态反应性疾病等的诊断，在新分离病毒株和菌株的鉴定和分型以及微生物和寄生虫抗原的分析方面，也有重要作用。

一、动物传染病的诊断

1. 血清学诊断

血清学技术已成为诊断畜禽传染病及寄生虫病不可缺少的手段。通过应用血清学技术检测病料中相应的抗原或血清中的特异性抗体，可对疾病作出诊断。常用的血清学技术有凝集试验、沉淀试验、补体结合试验、中和试验和免疫标记技术等。

此外，血清学技术还可用于新分离毒株或菌株的鉴定及分型；一些血清学技术如免疫电泳、免疫沉淀技术等可用于微生物抗原的分析。

2. 细胞免疫检测

微生物或其他因素可导致机体的免疫水平低下，机体中 T 细胞的数量不仅影响细胞免疫水平，也会影响体液免疫的发挥，因此 T 细胞在血液中的含量经常作为机体细胞免疫状态甚至整体免疫状态判断的依据。

细胞免疫检测技术不仅可以揭示动物体内细胞免疫的水平和状态，分析特定抗原刺激 T 细胞后的细胞免疫机制，而且可以通过测定抗原进入机体后细胞免疫应答的变化，衡量抗原的免疫性和免疫效力，还可以用正常 T 淋巴细胞检测干扰素、白细胞介素等免疫因子的生物活性及效价，常用的 T 细胞检测方法有 E 玫瑰花环试验、EY 玫瑰花环试验、淋巴细胞转化试验、细胞毒性 T 细胞试验等。此外，对机体免疫功能检测方法还有巨噬细胞功能检测、红细胞免疫功能检测等。

各种细胞免疫检测技术可作为一些疾病如肿瘤等的诊断、疗效监测和预后判断的辅助方法。

3. 传染性变态反应诊断

某些病原体在引起抗感染免疫的同时，也使机体发生变态反应。因此，利用变态反应原理，通过已知微生物或寄生虫抗原在动物机体局部引发的变态反应，能确定动物机体是否已被感染相应的微生物或寄生虫，并能分析动物的整体免疫功能。迟发型变态反应常用于诊断结核分枝杆菌、鼻疽杆菌、布鲁氏菌等细胞内寄生菌的感染。如用结核菌素点眼和皮内注射来诊断牛、羊等动物的结核病，就是利用了传染性变态反应诊断的方法。

二、妊娠诊断

动物妊娠期间能产生新的激素，并从尿液排出。以该激素作为抗原，将激素抗原或抗激素抗体吸附到乳胶颗粒上，利用间接凝集试验或间接凝集抑制试验，检测妊娠动物尿液标本中是否有相应激素存在，进行早期妊娠诊断。如母马在怀孕 40 d 后，子宫内膜能分泌促性腺激素并进入血液，在 40～120 d 期间含量最高，由于该激素具有抗原性，故可用它免疫其他动物制备相应抗体，进行血清学试验诊断马是否怀孕。妊娠诊断方法有间接血凝抑制试验、反向间接血凝试验和琼脂扩散试验等。

三、生物活性物质的超微定量

利用血清学技术，尤其是酶免疫标记技术和放射免疫标记技术，可以检测出 ng(10^{-9}g)及 pg(10^{-12}g)水平的物质，实现对动物、植物和昆虫体内其他方法难以测出的微量激素、白细胞介素(IL)等生物活性物质的超微量测定。

四、物种鉴定

免疫学技术还可用于揭示不同物种之间抗原性差异的程度，作为分析物种鉴定和生物分类的依据。另外，血清学试验能用于人和动物血型的分类与鉴定。

五、免疫增强药物和疫苗研究

血清学试验还可用于研究疫苗免疫效力和评价免疫增强药物的功效，例如抗肿瘤药物筛选中，需要测定药物对细胞免疫功能的作用。

六、免疫诊断与高新技术结合

免疫学诊断方法与其他先进技术相结合，还产生了许多新的免疫鉴定技术。例如，与荧光抗体染色法和免疫酶组织化学相结合，可以在细胞水平、亚细胞水平对抗原分子进行精确定位；与分子生物学技术相结合，产生了用于定量分析基因表达产物的免疫转印迹技术等。

【操作训练】

技能一　鸡白痢的检疫

【目的要求】掌握鸡白痢的检疫方法，掌握平板凝集试验的操作及结果判定方法，明确平板凝集试验在生产中的应用。

【仪器及材料】载玻片、5～50 μL 微量移液器(配有相应的吸头)、牙签、75%酒精棉球、采血针、生理盐水、鸡白痢全血平板凝集抗原、鸡白痢阳性血清、鸡白痢阴性血清、待检鸡等。

【方法与步骤】

一、操作方法

(1)取一块洁净的载玻片，划出约 2.5 cm×2.5 cm 三个区域，并做好 1、2、3 标记(图 9-19)；

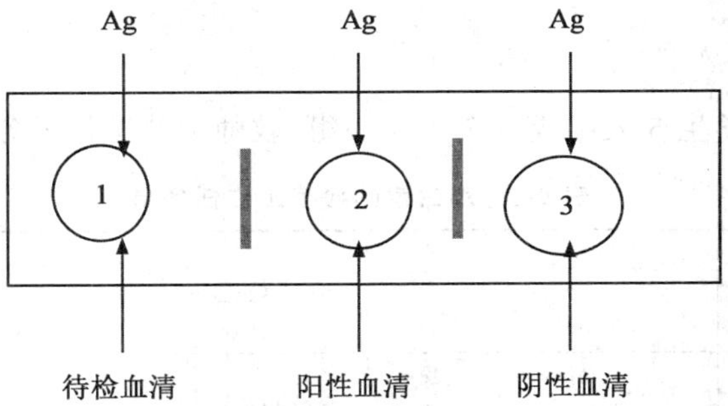

图 9-19　鸡白痢平板凝集试验

(2)将鸡白痢全血平板凝集抗原充分震荡混匀，在划分好的每个区域的中心用微量移液器滴加 25 μL 鸡白痢全血平板凝集抗原；

(3)用采血针刺破鸡冠或翅静脉，用微量移液器采集新鲜血液 25 μL 滴加在 1 区的抗原旁边，用无菌牙签搅拌均匀使其散开至直径 2 cm 左右的薄层，静置；

(4)用微量移液器分别吸取鸡白痢阳性血清、鸡白痢阴性血清各 25 μL 分别滴加在载玻片的区域 2 和 3 的抗原上，分别用无菌牙签搅拌均匀使其散开至直径 2 cm 左右的薄层，静置作为阳性对照和阴性对照。

(5)仔细观察载玻片上 3 个区域的变化。

二、判定标准

(1)抗原与待检血液混合后，与阳性对照相比，在 2 min 内出现明显的颗粒凝集或絮状凝集的，判为阳性反应，记作“+”。

(2)抗原与待检血液混合后，与阴性对照相比，在 2 min 内未出现凝集现象、与阴性结果一致的判为阴性反应，记作“-”。

三、注意事项

(1)鸡白痢全血平板凝集抗原应在 2～10 ℃冷暗处保存，做凝集反应时应在 25 ℃左右室温下进行。

(2)每次试验都要设阳性和阴性对照。

(3)使用的微量移液器吸头均应做无菌处理，吸取不同液体时要注意更换吸头。

(4)鸡白痢全血平板反应抗原，只适用于产蛋母鸡和一年以上的公鸡，对幼龄仔鸡敏感性较差。

(5)此法简便快速，适用于新分离细菌的鉴定或分型、抗体的定性检测。如大肠杆菌和沙门菌等的鉴定，布鲁氏菌病、鸡白痢、禽伤寒和败血霉形体病的检疫。亦可用于血型的鉴定等。

(6)对可疑结果应根据鸡群以往感染情况作出解释，如鸡群以前为阳性群，则可疑反应应判为阳性。新近感染的鸡，还需在3～4周后再次进行检验。

四、任务实施

本试验分组进行，学生5人组成一个工作小组，教师发放工作任务单(表9-1)。

表9-1 鸡白痢的检疫工作任务单

组别		成员姓名及学号	
实训日期		实训地点	
是否提交实验实施计划	□是　　□否		
实验报告提交时间	年　月　日		
1.实验目的			
2.实验原理			
3.实验步骤			
4.思考及建议			
5.工作记录			

【考核内容与评价】(表 9-2)

表 9-2　考核内容与评价　　　　检查日期：　　年　　月　　日

任务	考核内容	标准分值	考核记录	得分
鸡白痢的检疫	平板凝集试验的分区标记	10 分		
	试验对照的设置	20 分		
	鸡全血的采集	20 分		
	待检样品与抗原的混匀操作	20 分		
	试验结果判读	20 分		
	操作熟练程度(熟练、一般、不熟练)	10 分		
合计		100 分		

技能二　布鲁氏菌病的检疫

【目的要求】掌握布鲁氏菌病的平板凝集试验及试管凝集反应的操作方法及结果判定。

【仪器及材料】布鲁氏菌病虎红平板凝集试验抗原和试管凝集抗原、布鲁氏菌标准阳性血清及标准阴性血清、生理盐水、0.5%石炭酸生理盐水、高压蒸汽灭菌器、恒温培养箱、1 000 μL 微量移液器(配有吸头)、试管、试管架、(猪、牛、羊等)布鲁氏菌病待检血清等。

【方法与步骤】

一、布鲁氏菌病平板凝集试验

(一)操作方法

(1)取一块洁净的玻璃板片，划出若干方格，每格约 4 cm^2，并做好编号标记(图 9-20)；

(2)分别吸取 25 μL 待检血清、生理盐水、标准阳性血清、标准阴性血清加于不同编号的方格内，每吸一种成分需换一个吸头；

(3)吸取 25 μL 抗原加到玻璃板的每一个格内，用牙签将抗原与血清充分混匀，每混匀一格需更换一根牙签；

(4)于室温(15 ℃以上)静置 4 min 观察结果，如室温过低，可适当加温。

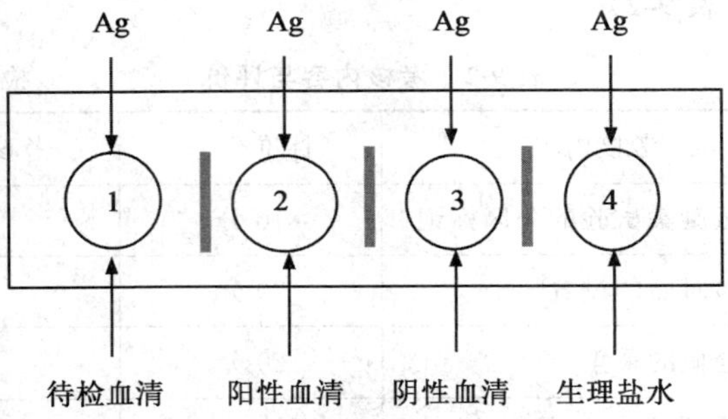

图 9-20 布鲁氏菌平板凝集试验

(二)判定标准

在对照标准阳性血清(+)、标准阴性血清(-)、生理盐水(-)反应正常的前提下,待检血清出现大的凝集片或小的颗粒状物,液体透明判为阳性(+),液体均匀混浊,无任何凝集物判为阴性(-)。

(三)注意事项

(1)与鸡白痢平板凝集试验注意事项基本相同。

(2)使用前应充分摇匀,出现污染或有摇震不散的凝块时不得使用。

(3)抗原和血清应在室温中放置 50~60 min 后,再进行试验。

(4)本法操作简便,容易掌握和判断,适用于大群家畜的检疫。筛选出的阳性反应血清,再做试管凝集试验,以试管凝集试验的结果作为待检血清的最终结果。

二、布鲁氏菌病试管凝集试验

(一)操作方法

(1)取 8 支小试管置于试管架上,5 支用于待检血清,3 支做对照。如检多份血清,可只做一份对照。

(2)按表 9-3 操作,先加入 0.5%石炭酸生理盐水,检查绵羊、山羊血清时,用 12%浓盐水稀释血清和抗原。然后另取吸管吸取待检血清 0.2 mL 加入第 1 管中,反复吹吸 5 次将生理盐水与血清充分混匀,吸出 1.5 mL 弃掉,再吸出 0.5 mL 加入第 2 管,以第 1 管的方法吹吸混匀第 2 管,再吸出 0.5 mL 加入第 3 管,依此类推至第 4 管,混匀后吸出 0.5 mL 弃掉。第 5 管中不加血清,第 6 管加 1∶25 稀释的布鲁氏菌阳性血清 0.5 mL,第 7 管加 1∶25 稀释的布鲁氏菌阴性血清 0.5 mL。

(3)用 0.5%石炭酸生理盐水将布鲁氏菌试管抗原进行 1∶20 稀释后,每管加入 0.5 mL。

(4)全部加完后,充分振荡,放入 37 ℃温箱中 12~14 h,取出后置室温下静置 2~4 h,观察并记录结果。阳性血清对照管出现"++"以上的凝集现象,阴性血清和抗原对照管无凝集。

表 9-3　布鲁氏菌病试管凝集反应操作术式

管　号	1	2	3	4	5	6	7	8
血清稀释倍数	1:12.5	1:25	1:50	1:100	1:200	抗原对照	阳性对照(1:25)	阴性对照(1:25)
0.5%石炭酸生理盐水/mL	2.3	0.5	0.5	0.5	0.5	0.5	-	-
待检血清/mL	0.2	0.5	0.5	0.5	0.5	-	0.5	0.5
抗原(1:20)/mL	0.5	0.5	0.5	0.5	0.5	0.5	0.5	0.5

弃去1.5　　弃去0.5

(二)判定标准

1.结果判断

在对照管出现正确反应结果的前提下,根据待检血清各管中上层液体的透明度及管底凝集块的形状判定各管凝集反应的强度。以出现"++"以上凝集现象的最高稀释倍数,作为该血清的凝集价。

(1)++++:上层液体完全透明,菌体完全被凝集呈伞状沉集于管底。振荡时,沉淀物呈片状、块状或颗粒状,表示菌体100%凝集。

(2)+++:上层液体稍有混浊,菌体大部分被沉集于管底,管底凝集物与"++++"相同。振荡时情况同上,表示菌体75%凝集。

(3)++:上层液体不甚透明,呈淡乳白色混浊,管底有明显凝集物。振荡时有块状或小片絮状物,表示菌体50%凝集。

(4)+:上层液体混浊,不透明,管底有少量凝集物,表示菌体25%凝集。

(5)-:液体均匀混浊,不透明,管底无凝集,由于菌体自然下沉,管底中央有圆点状沉淀物,振荡时立即散开呈均匀混浊,表示菌体完全不凝集。

2.评价标准

马、牛、骆驼在1∶100稀释度出现"++"以上的反应强度判为阳性;在1∶50稀释度出现"++"的反应强度判为可疑。绵羊、山羊、猪在1∶50稀释度出现"++"以上的反应强度判为阳性;在1∶25稀释度出现"++"的反应强度判为可疑。

可疑反应的家畜,经3～4周后采血重检。对于来自阳性畜群的待检家畜,如重检仍为可疑,可判为阳性;如畜群中没有临床病例及凝集反应阳性者,马和猪重检仍为可疑,可判为阴性,牛和羊重检仍为可疑,可判为阳性。

(三)注意事项

(1)每次试验必须设立标准阳性血清、标准阴性血清和生理盐水对照。

(2)抗原保存在2～8 ℃,用前置室温30～60 min,使用前摇匀,如出现摇不散的凝块,不得使用。

(3)待检血清必须新鲜,无明显的溶血和腐败现象。加入防腐剂的血清应自采血之日起,15 d内检完。

(4)检测所用过的试管、刻度吸管等非一次性耗材须经高压蒸汽灭菌器灭菌后方可再次使用。

三、任务实施

本试验分组进行，学生 5 人组成一个工作小组，教师发放工作任务单(表 9-4)。

表 9-4　布鲁氏菌病的检疫工作任务单

组别		成员姓名及学号	
实训日期		实训地点	
是否提交实验实施计划	□是　　　　□否		
实验报告提交时间	年　　月　　日		
1. 实验目的			
2. 实验原理			
3. 实验步骤			
4. 思考及建议			
5. 工作记录			

【考核内容与评价】(表 9-5)

表 9-5　考核内容与评价　　　　检查日期：　年　月　日

任务	考核内容	标准分值	考核记录	得分
布鲁氏菌病的检疫	平板凝集试验对照的设置	10 分		
	平板凝集试验的操作	10 分		
	平板凝集试验结果的判断	10 分		
	试管凝集试验待检管的设置	10 分		
	试管凝集试验对照管的设置	10 分		
	待检管的倍比稀释	10 分		
	布鲁氏菌抗原的稀释	10 分		
	布鲁氏菌抗原的加样	10 分		
	试验结果判读	10 分		
	操作熟练程度 (熟练、一般、不熟练)	10 分		
合计		100 分		

技能三　皮张中炭疽杆菌的检疫

【目的要求】掌握炭疽杆菌的致病特点及实验室检测程序，会进行动物皮张样品中炭疽杆菌的检测。

【仪器及材料】标准炭疽菌粉抗原、炭疽沉淀素标准阳性血清及标准阴性血清、0.5%石炭酸生理盐水、高压蒸汽灭菌器、冰箱、毛细吸管、反应管、浸样瓶、无菌手术剪、防水袋、中性滤纸等。

【方法与步骤】

一、操作方法

(一)样品的采集

在皮张的腿部或腋下边缘剪取样皮约 2.0 g，装入耐高温的防水袋中，标注编号并与原皮编号相符。

(二)待检样品处理

1.待检样品灭菌

先将装有待检样品的耐高温防水袋放入高压蒸汽灭菌器中，121.3 ℃灭菌 30 min，冻皮、湿皮、鲜皮应在灭菌前室温放置 48 h，然后进行灭菌。

2. 待检样品的制备

将灭菌后的皮张样品去除脂肪后剪成小块并称重，加 5～10 倍的 0.5% 石炭酸生理盐水，置室温或 4 ℃冰箱内浸泡 18～24 h，用中性定量滤纸过滤 2～3 次，使之透明即为待检抗原。

(三)检验方法(Ascoli 氏反应)

1. 对照试验

(1)炭疽沉淀素阳性血清对等量的 1∶5 000 标准炭疽菌粉抗原，在 1 min 内应呈标准阳性反应。对已知阳性皮张抗原经 15 min 应呈阳性反应。

(2)炭疽沉淀素阳性血清，对等量的已知阴性皮张抗原和等量的 0.5% 石炭酸生理盐水作用 15 min，应呈阴性反应。

(3)阴性血清对等量的 1∶5 000 标准炭疽菌粉抗原和已知阳性皮张抗原经 15 min，应呈阴性反应。

2. 待检样品检测

用毛细吸管吸取炭疽沉淀素血清 0.1 mL，徐徐注入斜置的最小反应管内，达到管的 1/3 处，然后用另一支毛细吸管吸取待检的等量的沉淀原沿反应管壁慢慢加到沉淀素血清的上面，达到管的 2/3 高处，随即将斜置的反应管立起，置室温下待判定。

二、结果判定

抗原加入后，在 5～10 min 内判定结果。

(1)“+”：抗原与血清接触后，在两液接触面，出现致密、清晰明显的白环为阳性反应。

(2)“±”：白环模糊，不明显者为疑似反应。

(3)“-”：两液接触面清晰，无白环者为阴性反应。

(4)“0”：两液接触面界限不清，或其他原因不能判定者为无结果。

对可疑和无结果者，须重做一次。

三、注意事项

(1)待检抗原必须清亮，如不清亮，可离心后取上清液，也可冷藏后使脂类物质上浮，用吸管吸取底层的液体待检。

(2)必须进行对照观察，以免出现假阳性。

(3)炭疽杆菌是人畜共患的病原微生物，检验过程中一定严格按照要求操作，避免散布病原及造成人员感染。

(4)此法可用于诊断牛、羊、马的炭疽病，但不能用于诊断猪炭疽病，因猪患炭疽时，用此法诊断常为阴性。

四、任务实施

本试验分组进行，学生 5 人组成一个工作小组，教师发放工作任务单(表 9-6)。

表 9-6　皮张中炭疽杆菌的检疫工作任务单

组别		成员姓名及学号	
实训日期		实训地点	
是否提交实验实施计划	□是　　□否		
实验报告提交时间	年　月　日		

1. 实验目的

2. 实验原理

3. 实验步骤

4. 思考及建议

5. 工作记录

【考核内容与评价】(表 9-7)

表 9-7　考核内容与评价　　检查日期：　年　月　日

任务	考核内容	标准分值	考核记录	得分
皮张中炭疽杆菌的检疫	待检样品的灭菌	10 分		
	待检样品的制备	10 分		
	对照试验	10 分		
	待检管的设置	20 分		
	待检样品的检验	20 分		
	结果判定	10 分		
	该方法适用的检疫对象	10 分		
	操作熟练程度 (熟练、一般、不熟练)	10 分		
合计		100 分		

技能四　鸡传染性法氏囊病抗体的检测

【目的要求】以鸡传染性法氏囊病抗体检测为例，掌握琼脂扩散试验的操作方法及步骤。

【仪器及材料】鸡传染病性法氏囊病标准抗原及标准阳性血清、琼脂粉、NaCl、蒸馏水、打孔器、8号针头、酒精灯、9 cm培养皿、微量移液器、恒温培养箱等。

【方法与步骤】

一、操作方法

(一)检测鸡传染性法氏囊病抗体是否产生

1.1%琼脂板的制备

琼脂粉1.0 g加入8% NaCl溶液100 mL中，加热溶解，期间振荡混匀数次，待琼脂溶液澄清透亮时，停止加热，稍冷后倒入平皿内，使其厚度为2.5～3 mm，冷却后加盖置于4 ℃冰箱中保存备用(保存时间不超过2周)。

2.打孔

孔径3 mm，孔距5 mm。将图案(图9-21)放在带有琼脂的平皿下面，按照图案在固定的位置用打孔器打孔，孔图呈梅花形。用8号针头挑出孔内的琼脂，注意勿伤边缘或使琼脂层脱离皿底。

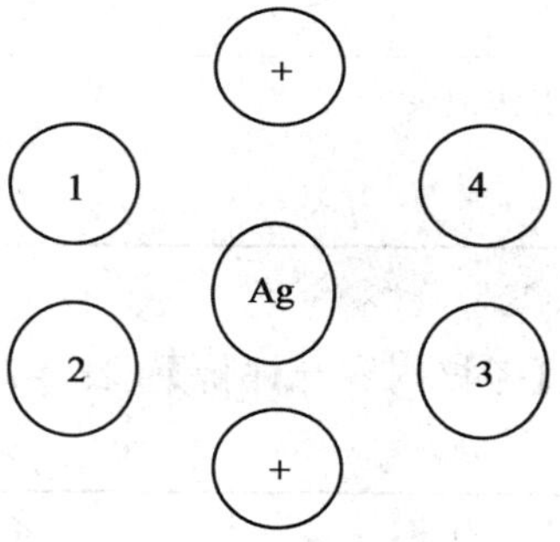

图9-21　打孔、加样图

3.封底

在酒精灯火焰上缓缓加热至孔底边缘的琼脂刚刚要熔化为止。以此封闭孔的底部，以防侧漏。

4.编号、加样

按规定图形编号，中间孔加入鸡传染性法氏囊病标准抗原；外周孔加入标准阳性血清及待检样品。每孔均以加满为止，不要溢出。

5.扩散

加样完毕，平皿加盖，待孔中抗原、血清吸收约15 min后，将平皿轻轻倒置于湿盒内，以防水分蒸发。37 ℃条件下，反应24～72 h，逐日观察并记录结果。

6.结果判定

(1)阳性　当标准阳性血清孔与抗原孔之间有明显致密的沉淀线时，待检血清孔与抗原孔之间形成沉淀线或标准阳性血清的沉淀线末端向毗邻的待检血清孔内侧偏弯者，此待检血清判为阳性。

(2)阴性　待检血清孔与抗原孔之间不形成沉淀线或标准阳性血清孔与抗原孔之间的沉淀线向毗邻的待检血清孔直伸或向其外侧偏弯者，此待检血清判为阴性(图9-22)。

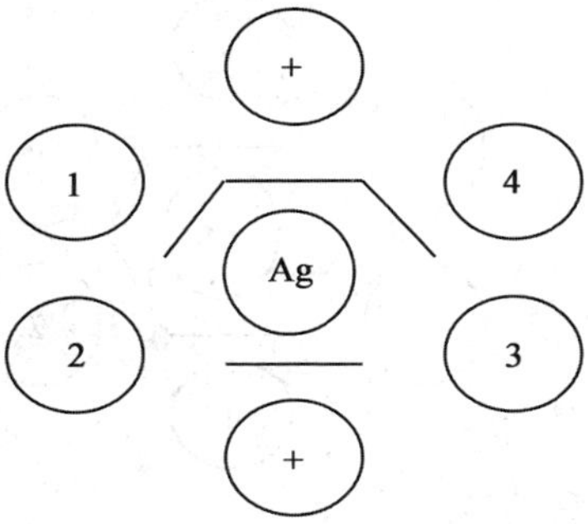

a. 1、4 为阳性

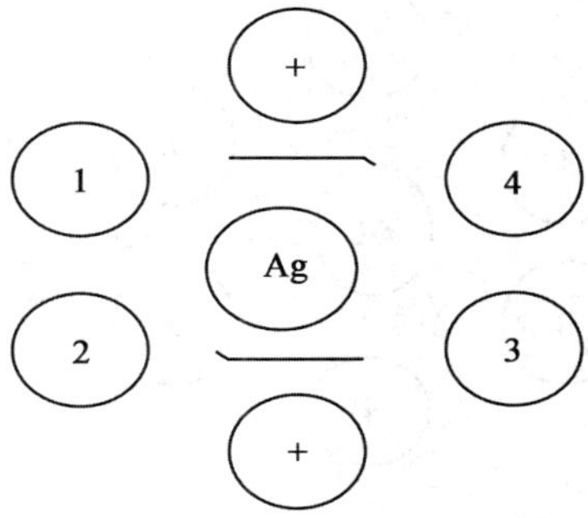

b. 2、4 为阳性

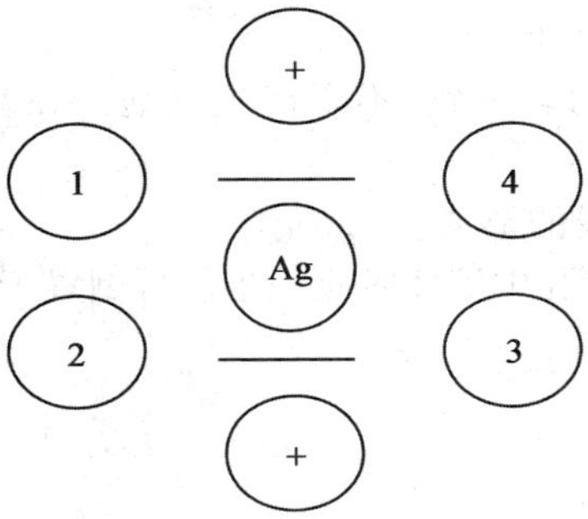

c. 全阴性

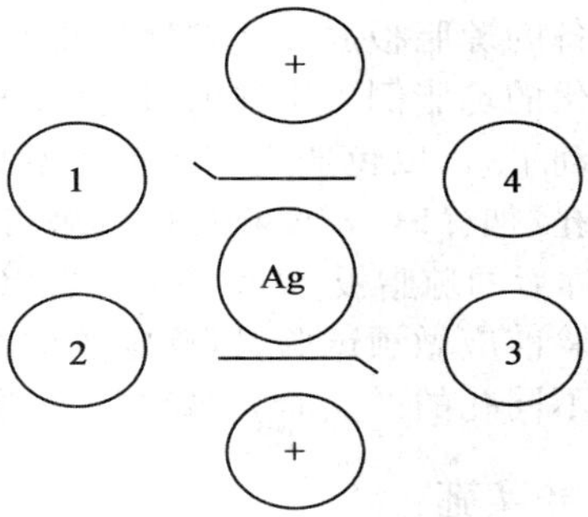

d. 全阴性

图 9-22　试验结果举例

(二)检测鸡传染性法氏囊病抗体效价

1. 加样前准备

操作方法同“(一)检测鸡传染性法氏囊病抗体是否产生”中 1～3。

2. 加样

加样时，中央孔加入鸡传染性法氏囊标准抗原，外周孔按顺序依次加入阳性血清或经过倍比稀释的待检血清。每孔均以加满为止，不要溢出。用记号笔做好标记(图 9-23)。

3. 扩散

加样完毕，平皿加盖，待孔中抗原、血清吸收半量后，将平皿轻轻倒置，放入湿盒内，以防水分蒸发。放置 37 ℃条件下，反应 24～72 h，逐日观察并记录结果。

4. 结果判定

当标准阳性血清孔与抗原孔之间有明显致密的沉淀线时，倍比稀释的待检血清孔中出现沉淀线的最高抗体稀释度即为该待检血清的效价，如图 9-24 中，该待检血清的效价为 2^3。

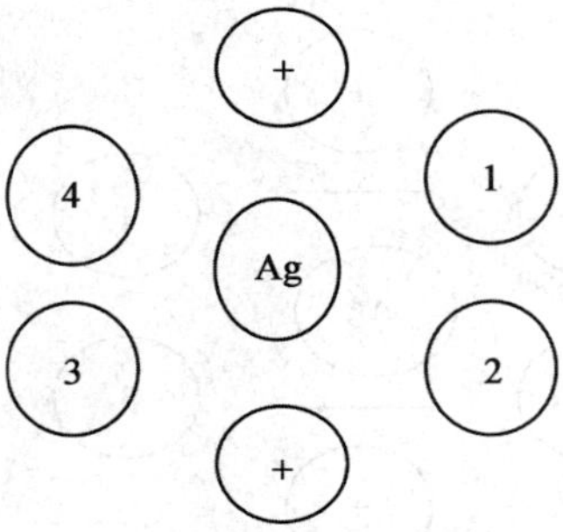

图 9-23　打孔、加样图

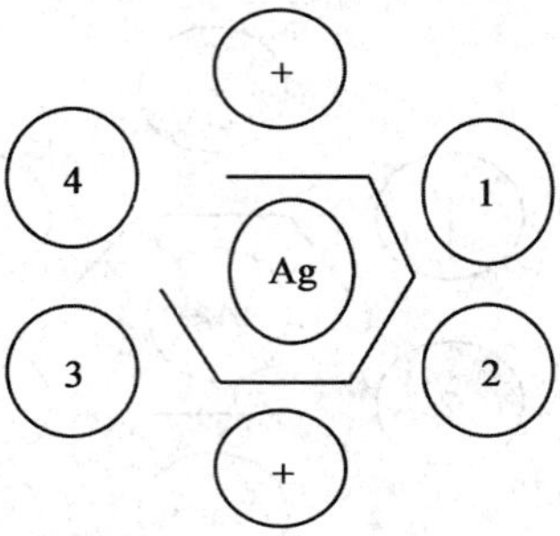

图 9-24　测定抗体效价示意图

二、注意事项

(1)制备的琼脂板放在 4 ℃冰箱冷却后,打孔效果为佳。

(2)熔化的琼脂倒入平皿时,注意使整个平板厚薄均匀一致,不要产生气泡。在冷却过程中,不要移动平板,以免造成琼脂表面不平坦。

(3)打孔、加样时,不要将琼脂划破,以免影响沉淀线的形成。

(4)加样后的琼脂板,切勿马上倒置以免液体流出,待孔中液体吸收一半后再倒置于湿盒中。

(5)实验前应做预试验,以确定抗体的稀释度。

(6)加不同孔的样品时,一定要更换吸头。

三、任务实施

本试验分组进行,学生 5 人组成一个工作小组,教师发放工作任务单(表 9-8)。

表 9-8　鸡传染性法氏囊病抗体的检测工作任务单

组别		成员姓名及学号	
实训日期		实训地点	
是否提交实验实施计划	□是　　□否		
实验报告提交时间	年　月　日		
1. 实验目的			
2. 实验原理			
3. 实验步骤			
4. 思考及建议			
5. 工作记录			

【考核内容与评价】(表 9-9)

表 9-9 考核内容与评价 检查日期： 年 月 日

任务	考核内容	标准分值	考核记录	得分
鸡传染性法氏囊病抗体的检测	1%琼脂板的制备	10 分		
	打孔	20 分		
	封底	10 分		
	编号及加样	20 分		
	扩散	10 分		
	结果判定	20 分		
	操作熟练程度（熟练、一般、不熟练）	10 分		
合计		100 分		

技能五 鸡新城疫抗体水平的检测

【目的要求】掌握 HA-HI 试验的原理及操作方法，掌握血凝滴度和血凝抑制滴度结果的判断。

【仪器及材料】标准新城疫病毒抗原及阴、阳性血清、新城疫待检血清、生理盐水、96 孔 V 型血凝反应板、微量移液器（配有吸头）、微型振荡器、温箱、5 mL 注射器、3.8%枸橼酸钠溶液、离心管、天平、离心机等。

【方法与步骤】

一、病毒的血凝(HA)试验

1. pH 7.2 磷酸盐缓冲液(PBS)配制

氯化钠(NaCl)	8.0 g
氯化钾(KCl)	0.2 g
磷酸氢二钠(Na_2HPO_4)	1.44 g
磷酸二氢钠(NaH_2PO_4)	0.24 g

加蒸馏水至 1 000 mL，将上述成分一次溶解，用盐酸(HCl)调 pH 至 7.2，分装，121.3 ℃、15 min 高压灭菌。

2. 1%鸡红细胞(RBC)悬液的制备

一次性 5 mL 注射器吸取抗凝剂（按每毫升加入灭菌的 3.8% 枸橼酸钠溶液 0.1～0.2 mL），从成年健康非免疫公鸡（或至少 3 只无禽流感和新城疫抗体的非免疫鸡）翅静脉或心脏采血，放入离心管中，加入 3～4 倍体积的 PBS 液混匀，以 2 000 r/min 离心 5～10 min，弃去上清液和红细胞上层的白细胞层，在沉淀的红细胞中加入 PBS，重复以上过程 3～4 次，最后吸取红细胞沉淀用 PBS 稀释成 1%的鸡红细胞悬液，于 4 ℃保存备用。

3.操作方法

在 96 孔 V 型微量血凝反应板上进行(表 9-10)。

表 9-10　鸡新城疫病毒血凝试验(HA)的操作术式(微量法)

孔号	1	2	3	4	5	6	7	8	9	10	11	12
PBS(pH 7.2)	25	25	25	25	25	25	25	25	25	25	25	25
标准新城疫病毒抗原	25	25	25	25	25	25	25	25	25	25	25	– 弃25
PBS(pH 7.2)	25	25	25	25	25	25	25	25	25	25	25	25
1%红鸡细胞悬液	25	25	25	25	25	25	25	25	25	25	25	25
振荡混匀反应混合液，室温 20~25℃下静置 40 min 后观察结果。												
结果举例	+	+	+	+	+	+	+	±	±	–	–	–

(1)加 PBS：取 96 孔 V 型血凝反应板，用微量移液器给 1～12 孔每孔加入 25 μL PBS。

(2)加新城疫病毒抗原：换吸头用微量移液器取 25 μL 病毒液加入第 1 孔，并用微量移液器吹吸 3～5 次，使病毒液混合均匀，然后取 25 μL 加入第 2 孔，混匀后取 25 μL 加入第三孔，依此倍比稀释到 11 孔，第 11 孔混匀后吸出 25 μL 弃去。第 12 孔作为不加病毒的红细胞对照孔。

(3)补加 PBS：换吸头，每孔再加入 25 μL PBS。

(4)加 1%鸡红细胞：换吸头在 1～12 孔每孔加入 25 μL 1%鸡红细胞悬液。

(5)加样完毕，将血凝反应板置于微型振荡器上振荡 1 min，然后置室温 20～25 ℃下静置 40 min 后观察结果。当 PBS 对照孔的红细胞成明显纽扣状沉到孔底时判定结果。

4.结果判定及记录

在 PBS 对照孔出现正确结果的情况下，将反应板倾斜，观察红细胞是否完全凝集，正确判读 HA 效价，以 *n*log2 方式报告并记录结果。

以完全凝集的病毒最大稀释度为该抗原的血凝滴度。完全凝集的病毒最高稀释倍数为 1 个血凝单位(HAU)。

二、病毒的血凝抑制(HI)试验

1.4 个血凝单位病毒液的制备

根据 HA 试验结果,确定病毒的血凝价,然后按照下式计算 4 个血凝单位病毒液稀释倍数,并用 PBS 进行稀释。

$$4\text{个血凝单位病毒的稀释倍数}=\frac{\text{病毒的血凝价}}{4}$$

如表 9-10 中病毒液的 HA 效价为 7log2,则 4 个血凝单位为 5log2,则将病毒稀释 32 倍即可。稀释时,将 1 mL 病毒液加入 31 mL PBS 中即为 4 HAU 病毒。

2.新城疫待检血清的制备

采取经新城疫免疫后鸡的血液,注入离心管中,血液凝固后自然析出或离心得到淡黄色液体即为新城疫待检血清。

3.操作方法

同样在 96 孔 V 型微量血凝反应板上进行(表 9-11)。每排孔可检测一份血清样品。

(1)加 PBS:取 96 孔 V 型血凝反应板,用微量移液器给 1～11 孔每孔加入 25 μL PBS,第 12 孔加入 50 μL PBS。

(2)加新城疫待检血清:换吸头用微量移液器取 25 μL 待检血清加入第 1 孔,并用微量移液器吹吸 3～5 次,使病毒液混合均匀,然后取 25 μL 加入第 2 孔,混匀后取 25 μL 加入第 3 孔,依此倍比稀释到 10 孔,第 10 孔混匀后吸出 25 μL 弃去。第 11 孔为病毒对照,第 12 孔为 PBS 对照。

(3)做阴、阳性对照:换吸头,以同样方法稀释标准阳性血清和标准阴性血清。

(4)加 4 个血凝单位的病毒:换吸头给 1～11 孔加入 4 个血凝单位的病毒液 25 μL。轻叩反应板使反应液混合均匀,室温 20～25 ℃下静置不少于 30 min。

(5)加 1%鸡红细胞:换吸头给 1～12 每孔中加 1%鸡红细胞悬液 25 μL。

(6)加样完毕,振荡混匀 30 s,室温 20～25 ℃下静置约 40 min,当 PBS 对照孔的红细胞成明显纽扣状沉到孔底时判定结果。

4.结果判定及记录

在 PBS 对照孔出现正确结果的情况下,将反应板倾斜,从背侧观察,正确判读待检血清、标准阳性血清和标准阴性血清的 HI 效价,以 *n*log2 方式报告并记录结果。

滴度是指产生完全不凝集(红细胞完全流下)的最高稀释度。只有当阴性血清与标准抗原对照的 HI 滴度不大于 2log2,阳性血清与标准抗原对照的 HI 滴度与已知滴度相差在 1 个稀释度范围内,并且所用阴、阳性血清都不发生自凝的情况下,HI 试验结果方判定有效。

能完全抑制红细胞凝集的血清最大稀释倍数叫该血清的血凝抑制滴度或血清的血凝抑制效价。如表 9-11 所表示的血清的血凝抑制效价为 6log2。

表 9-11　鸡新城疫病毒血凝抑制试验(HI)的操作术式(微量法)

孔号	1	2	3	4	5	6	7	8	9	10	11	12
PBS(pH 7.2)	25	25	25	25	25	25	25	25	25	25	25	50
待检血清	25	25	25	25	25	25	25	25	25	25	–	–
											弃25	
4HAU病毒	25	25	25	25	25	25	25	25	25	25	25	–
轻叩反应板使反应液混合均匀，室温20~25℃下静置不少于 30 min												
1%鸡红细胞悬液	25	25	25	25	25	25	25	25	25	25	25	25
振荡混匀 30 s，室温 20~25℃下静置约 40 min												
结果举例	–	–	–	–	–	–	±	±	±	+	+	–

病毒的 HA-HI 试验，可用已知血清来鉴定未知病毒，也可用已知病毒来检测血清中的抗体效价，在某些病毒病的诊断及疫苗免疫效果的检测中应用广泛。

鸡胚尿囊液中收获的病毒 HA 效价大于等于 4log2，且标准新城疫阳性血清对其 HI 效价大于等于 4log2 时，判为新城疫病毒。

三、注意事项

1. 红细胞的储存

抗凝血在 4 ℃储存时间不能超过 1 周，如需储存较久，可用阿氏液替换抗凝剂，以 4∶1(4 份阿氏液加 1 份血液)比例混合血液，4 ℃可储存 4 周。

2. 反应的温度

不同病毒的血凝性在不同温度下反应明显，如细小病毒 4 ℃，痘病毒则 37 ℃，正黏病毒、副黏病毒 4～37 ℃均可。一般温度高时，结果出现快，需要的时间短；温度低时，结果出现晚，一般需 30～40 min。

3. 结果的判定

判定时首先应检查对照孔是否正确。如正确则证明各种条件及操作无误，如对照不正确，就必须重做。

四、任务实施

本试验分组进行，学生 5 人组成一个工作小组，教师发放工作任务单(表 9-12)。

表 9-12　鸡新城疫抗体水平检测工作任务单

组别		成员姓名及学号	
实训日期		实训地点	
是否提交实验实施计划	□是　　　□否		
实验报告提交时间	年　月　日		
1. 实验目的			
2. 实验原理			
3. 实验步骤			
4. 思考及建议			
5. 工作记录			

【考核内容与评价】(表 9-13)

表 9-13　考核内容与评价　　　　检查日期：　年　月　日

任务	考核内容	标准分值	考核记录	得分
鸡新城疫抗体水平检测	鸡翅静脉采血	10 分		
	红细胞洗涤	10 分		
	1%鸡红细胞悬液的制备	20 分		
	HA 试验	10 分		
	HA 试验结果判读	10 分		
	4 个血凝单位病毒液的制备	10 分		
	HI 试验	10 分		
	HI 试验结果判读	10 分		
	操作熟练程度 (熟练、一般、不熟练)	10 分		
合计		100 分		

技能六　正向间接血凝试验检测猪瘟抗体

【目的要求】掌握正向间接血凝试验的操作和结果判定的方法，能利用正向间接血凝试验正确进行猪瘟抗体效价的测定。

【仪器及材料】96孔110°V型血凝板、与血凝板大小相同的玻璃板、微量移液器(50 μL、25 μL)、吸头、微量振荡器、猪瘟正向间接血凝抗原、猪瘟阴性对照血清、猪瘟阳性对照血清、稀释液、待检血清(每头约0.5 mL血清即可，56 ℃水浴灭活30 min)等。

【方法与步骤】

一、操作方法

1. 加稀释液

在血凝板上1～6排的上1～9孔、第7排的1～3孔和5～6孔、第8排的上1～12孔各加稀释液50 μL。

2. 稀释待检血清

取1号待检血清50 μL加入第1排第1孔，并将微量移液器吸头插入孔底，吸吹1～3次混匀(避免产生过多的气泡)，从该孔移出50 μL至第2孔，混匀后取出50 μL移入第3孔，混匀后取出50 L移入第4孔……直至第9孔混匀后取出50 μL丢弃。此时第一排1～9孔待检血清的稀释度(稀释倍数)依次为：1∶2(2^1)、1∶4(2^2)、1∶8(2^3)、1∶16(2^4)、1∶32(2^5)、1∶64(2^6)、1∶128(2^7)、1∶256(2^8)、1∶512(2^9)。

取2号待检血清加入第2排；取3号待检血清加入第3排……均按上法稀释，注意每取一份血清时，必须更换吸头。

3. 稀释阴性对照血清

在血凝板的第7排第1孔加阴性血清50 μL，倍比稀释至第3孔，混匀后从该孔取出50 μL丢弃，此时阴性血清的稀释倍数依次为：1∶2(2^1)、1∶4(2^2)、1∶8(2^3)。第5～6孔为稀释液对照。

4. 稀释阳性对照血清

在血凝板第8排第1孔加阳性血清50 μL，倍比稀释至第12孔，混匀后从该孔取出50 μL丢弃。此时阳性血清的稀释倍数依次为1∶2(2^1)～1∶4 096(2^{12})。

5. 加血凝抗原

向待检血清各孔、阴性对照各孔、阳性对照各孔、稀释液对照各孔加血凝抗原(充分混匀，瓶底应无红细胞沉淀)25 μL。

6.振荡混匀

将血凝板置于微量振荡器上振荡 1～2 min,如无振荡器,用手轻轻摇匀亦可,然后将血凝板放在白纸上观察各孔红细胞是否混匀,不出现红细胞沉淀为合格。盖上玻板,室温下静置 1.5～2 h 判定结果,也可延迟到翌日判定。

二、结果判定

移去玻板,将血凝板放在白纸上。

(1)先观察阴性对照血清和阳性对照血清现象。

阴性血清对照孔和稀释液对照孔均应无凝集(红细胞全部沉入孔底形成边缘整齐的小圆点),或仅出现"+"凝集(红细胞大部分沉于孔底,边缘稍有少量红细胞悬浮)。

阳性血清对照(1∶2)～(1∶256)各孔应出现"+++"以上凝集为合格,(少量红细胞沉于孔底,大部分红细胞悬浮于孔内)。

(2)在对照孔合格的前提下,再观察待检血清各孔,以呈现"++"凝集的最大稀释倍数为该血清的抗体效价,例如 1 号待检血清 1～5 孔呈现"++++"凝集,6～7 孔呈现"++"凝集,第 8 孔呈现"+"凝集,第 9 孔无凝集,那么就可以判定该份血清的猪瘟抗体效价为 1∶128。

接种猪瘟疫苗的猪群免疫抗体效价达到 1∶16(即第 4 孔,呈现"++"凝集)为免疫合格。

注:"-"表示完全不凝集或 0～10%红细胞凝集;"+"表示 10%～25%红细胞凝集;

"++"表示 50%红细胞凝集;"+++"表示 75%红细胞凝集;"++++"表示 90%～100%红细胞凝集。

三、注意事项

(1)为使检测获得正确结果,请在检测前仔细阅读试剂使用说明书。

(2)严重溶血或严重污染的血清样品不宜检测,以免发生非特异性反应。

(3)必须使用 110°有机血凝板,勿用 90°和 130°血凝板。严禁使用一次性血凝板,以免误判结果。

(4)用过的血凝板应及时在水龙头冲净血细胞,再用蒸馏水或去离子水冲洗 2 次,甩干水分,放入 37 ℃恒温箱内干燥备用。检测用具应煮沸消毒,37 ℃干燥备用。血凝板太脏,可浸泡在 5%盐酸溶液内,48 h 捞出后去离子水冲净。

(5)每次检测只做 1 份阴性、阳性和稀释液对照。

(6)用不同批次的血凝抗原检测同一份血清时,应事先用阳性血清准确测定各批次血凝抗原的效价,取抗原效价相同或相近的血凝抗原检测待检血清抗体水平的结果是基本一致的,如果血凝抗原效价差别很大,用来检测同一血清样品时,检测结果会不一致。

四、任务实施

本试验分组进行,学生 5 人组成一个工作小组,教师发放工作任务单(表 9-14)。

表 9-14　正向间接血凝试验检测猪瘟抗体工作任务单

组别		成员姓名及学号	
实训日期		实训地点	
是否提交实验实施计划	□是　　　　□否		
实验报告提交时间	年　　月　　日		
1. 实验目的			
2. 实验原理			
3. 实验步骤			
4. 思考及建议			
5. 工作记录			

【考核内容与评价】(表 9-15)

表 9-15　考核内容与评价　　　　检查日期：　　年　　月　　日

任务	考核内容	标准分值	考核记录	得分
正向间接血凝试验检测猪瘟抗体	加稀释液	10 分		
	稀释待检血清	20 分		
	稀释阳性对照血清	20 分		
	稀释阴性对照血清	10 分		
	加血凝抗原	10 分		
	振荡混匀	10 分		
	结果判定及分析	10 分		
	操作熟练程度 (熟练、一般、不熟练)	10 分		
合计		100 分		

技能七　直接免疫荧光法诊断猪瘟

【目的要求】掌握直接荧光免疫法诊断猪瘟的方法，了解猪瘟病毒检测对养猪业的意义。

【仪器及材料】猪瘟荧光抗体、无水丙酮、PBS 缓冲液（pH 7.2，0.01 mol/L）、碳酸盐缓冲甘油液（0.5 mol/L pH 9.0～9.3）、载玻片、盖玻片、微量移液器（配有吸头）、冰冻切片机等。

【方法与步骤】

一、操作方法

1. 制片

取疑似猪瘟病例的新鲜扁桃体或剖杀后病例的扁桃体、淋巴结、脾脏和肾脏，不经任何固定处理，用冰冻切片机制成厚度 5～7 μm 的冰冻组织切片，同时设正常对照切片。

2. 固定

将切片置于无水丙酮中固定 15 min，取出后立即放入 PBS 缓冲液（pH 7.2，0.01 mol/L）中轻轻漂洗 3～5 次，待其自然干燥，尽快进行荧光抗体染色。

3. 荧光抗体染色

使用微量移液器滴加猪瘟荧光抗体于样品片表面，以覆盖满涂样处为度。

4. 孵育

置于湿盒中，37 ℃避光反应 30 min。

5. 洗涤

取出后浸入 PBS 缓冲液中充分漂洗，每次 1 min 左右，将玻片自然晾干。

6. 镜检观察

滴加碳酸盐缓冲甘油液（0.5 mol/L pH 9.0～9.3），盖上盖玻片，置于荧光显微镜下进行观察。

二、判定标准

于荧光显微镜视野中，见扁桃体隐窝上皮细胞或肾曲小管上皮细胞浆内呈明亮的黄绿色荧光，或脾、淋巴结胞浆有黄绿色银光判为猪瘟病毒感染阳性。正常对照片内应无黄绿色荧光。

三、注意事项

(1)采集的样品应尽快送检，如当日不能送出，应冷冻保存，避免组织腐败、自溶影响结果。

(2)切片固定后应尽快进行荧光抗体染色，如不能及时染色，可用塑料纸包好，放入低温冰箱保存。

(3)染色后应尽快镜检，保存不应超过 72 h。必要时可低温保存待检，但也不应超过一周。

四、任务实施

本试验分组进行，学生 5 人组成一个工作小组，教师发放工作任务单(表 9-16)。

表 9-16　直接免疫荧光法诊断猪瘟工作任务单

组别		成员姓名及学号	
实训日期		实训地点	
是否提交实验实施计划	□是　　　　□否		
实验报告提交时间	年　　月　　日		
1. 实验目的			
2. 实验原理			
3. 实验步骤			
4. 思考及建议			
5. 工作记录			

【考核内容与评价】(表 9-17)

表 9-17　考核内容与评价　　　　检查日期：　年　月　日

任务	考核内容	标准分值	考核记录	得分
直接免疫荧光法诊断猪瘟	制片	20 分		
	固定	10 分		
	荧光抗体染色	20 分		
	孵育	10 分		
	洗涤	10 分		
	镜检观察	10 分		
	结果判读	10 分		
	操作熟练程度 (熟练、一般、不熟练)	10 分		
合计		100 分		

技能八　间接ELISA试验检测猪繁殖与呼吸综合征(PRRS)抗体

【目的要求】掌握间接ELISA试验的原理、操作方法和结果的判定，能利用间接ELISA试验正确进行猪繁殖与呼吸综合征抗体的测定。

【仪器及材料】辣根过氧化物酶(HRP)标记的抗猪IgG的抗体、PRRSV抗原、PRRSV阳性血清和正常猪血清、待检猪血清、包被缓冲液(0.05 mol/L pH 9.6碳酸盐缓冲液)、洗涤缓冲液(pH 7.4 PBST)、封闭液(0.1 g牛血清白蛋白加10 mL洗涤缓冲液)、底物缓冲液(pH 5.0磷酸盐-柠檬酸)、四甲基联苯胺(TMB)、终止液(2 mol/L H_2SO_4)、96孔酶标反应板、ELISA检测仪、微量移液器(25 μL、50 μL、1 000 μL等)、多种规格吸头、微量振荡器、量筒、4 ℃冰箱、37 ℃恒温培养箱等。

【方法与步骤】

一、操作方法

1. 包被

用包被缓冲液将PRRS抗原稀释至蛋白质含量为1～10 μg/mL(如2 μg/mL)，在96孔酶标反应板中每孔加100 μL，置37 ℃作用2 h后再移至4 ℃过夜。

2. 洗涤

甩去酶标反应板内的包被缓冲液，用PBST液加满每孔，室温振荡3 min，倾去PBST液，反复3次，拍干。

3. 封闭

每孔加入300 μL封闭液，置37 ℃孵育2 h。

4. 洗涤

同步骤2。

5. 加样(加待检血清)

将待检血清样品编号后分别用血清稀释液进行1∶40倍稀释，加入酶标反应板中，每孔100 μL。同时设立阳性血清对照和阴性血清对照。置37 ℃孵育1 h。

6. 洗涤

同步骤2。

7. 加酶标二抗

按商品化酶标二抗的推荐浓度或者预实验中适宜的浓度稀释酶标二抗，每孔加100 μL，置37 ℃孵育1 h。

8.洗涤

同步骤2。

9.显色

加新鲜配制的底物溶液，每孔100 μL，在室温下避光放置15 min。

10.终止反应

每孔加终止液50 μL。

11.读数

将ELISA反应板放入酶标仪中，于波长450 nm处读取各孔OD值，注意酶标测定仪应提前15 min打开预热。

二、结果判定

ELISA试验结果可用肉眼观察，也可用ELISA测定仪测定样本的光密度(OD)值。每次试验都需设阳性和阴性对照，肉眼观察时，如样品颜色反应超过阴性对照，即判为阳性。用ELISA测定仪来测定OD值，所用波长随底物供氢体不同而异，如以OPD为供氢体，测定波长为492 nm，TMB为650 nm(氢氟酸终止)或450 nm(硫酸终止)。

结果可按下列方法表示：

(1)用阳性“+”与阴性“-”表示　若样品的OD值超过规定吸收值判为阳性，否则为阴性。

(2)以P/N值表示　样品的OD值与一组阴性样品OD值均值之比即为P/N值，若样品的P/N值≥1.5,2或3倍，即判为阳性。

(3)以终点滴度(即ELISA效价，简称ET)表示　将样品做倍比稀释，测定各稀释度的OD值，高于规定吸收值(或P/N值大于1.5、2或3倍)的最大稀释度即仍出现阳性反应的最大稀释度，即为样品的ELISA滴度或效价。也可做出OD值与效价之间的关系，这样样品只需做一个稀释度即可推算出其效价，目前国外一些公司的ELISA试剂盒都配有相应的程序，使测定抗体效价更为简便。

(4)定量测定　对于抗原的定量测定(如酶标抗原竞争法)，需事先用标准抗原制备一条吸收值与浓度的相关标准曲线，只要测出样本的吸收值，即可查出其抗原浓度。

三、注意事项

(1)ELISA检测多以血清为样品，采集时应无菌操作，避免溶血、避免细菌污染。

(2)用于包被的抗原或抗体需纯化，纯化抗原和抗体是提高ELISA敏感性与特异性的关键。抗体最好用亲和层析和DEAE纤维素离子交换层析方法提纯。有些抗原含有多种杂蛋白，须用密度梯度离心等方法除去，否则易出现非特异性反应。

(3)操作过程中加样(如加待检血清、酶结合物、底物等)应将所加物加在各孔的底部，避免加在孔壁上部，并注意不可溅出、不可产生气泡。每次加样应更换枪头，以免发生交叉污染。

(4)用温箱温育时，酶标板应放在湿盒内，但不要叠放，以保证各板的温度都能迅速平衡。湿盒应预温至规定的温度。

(5)在ELISA的整个过程中，需进行多次洗涤，目的是防止重叠反应，避免引起非特异吸附现象，因此洗涤必须充分。通常采用含助溶剂吐温-20（最终浓度为 0.05%）的 PBS 作洗涤液。洗涤时，先将前次加入的溶液倒空、吸干，然后加入洗涤液洗涤 3 次，每次 3 min 且保证洗液注满各孔。手工洗涤时要避免孔与孔之间交叉污染，洗涤后最好在干净吸水纸上轻轻拍干。

(6)显色剂要现配现用，避免配制后放置时间过长或使用过期显色剂。在定量测定中，显色温度和时间应按规定力求准确。

(7)酶催化的是氧化还原反应，在显色后须立刻测定，否则空气中的氧化作用使颜色加深，无法准确地定量。

四、任务实施

本试验分组进行，学生 5 人组成一个工作小组，教师发放工作任务单（表 9-18）。

表 9-18　间接 ELISA 试验检测猪繁殖与呼吸综合征(PRRS)抗体工作任务单

组别		成员姓名及学号	
实训日期		实训地点	
是否提交实验实施计划	□是　　　□否		
实验报告提交时间	年　月　日		
1.实验目的			
2.实验原理			
3.实验步骤			
4.思考及建议			
5.工作记录			

【考核内容与评价】（表 9-19）

表 9-19　考核内容与评价　　　　检查日期：　　年　　月　　日

任务	考核内容	标准分值	考核记录	得分
间接 ELISA 试验检测猪繁殖与呼吸综合征（PRRS）抗体	包被	10 分		
	洗涤	10 分		
	封闭	10 分		
	加待检血清	20 分		
	加酶标二抗	10 分		
	显色	10 分		
	终止反应	10 分		
	测定 OD 值	10 分		
	操作熟练程度（熟练、一般、不熟练）	10 分		
合计		100 分		

【复习与思考】

1. 解释下列名词：血清学试验、凝集试验、沉淀试验、间接凝集试验、补体结合试验、免疫荧光技术、ELISA。

2. 简述血清学试验的特点。

3. 简述凝集试验的类型及应用。

4. 简述沉淀试验的类型及应用。

5. 直接凝集试验与间接凝集试验有何异同？

6. 试述 ELISA 试验的原理、主要方法及应用。

附　录

一、实验室规则

免疫学实验所用到的材料有可能含有病原微生物，在实验中操作不慎和防护不当便有发生人身感染或环境污染的可能，所以要求同学们进入实验室后必须遵守以下规则：

1. 进入实验室前，先把个人物品存放到实验室外指定地点，穿好工作服。实验台上只放实验指导、记录本和文具。

2. 实验室内严禁吸烟、饮食，不用嘴接触吸管及湿润标签，以防感染。

3. 实验室内必须安静、遵守纪律，不得大声喧哗、随便走动、拆卸仪器。

4. 实验须按老师要求操作，发生皮肤割破、被动物咬伤或抓破及实验材料破损等意外事故时，应立即报告老师，进行紧急处理。皮肤破损可用2% 碘酊消毒，污染的桌面、地面和物品可用 3% 来苏儿消毒。

5. 爱护公共财物，节约试剂材料，不得将实验室内物品私自带走。如有仪器、用品损坏或故障，应及时报告老师并按规定处理。

6. 一切易燃物品(酒精 、二甲苯等)不准接近火源，如遇火险，先关掉电源，再用湿布、防火沙袋或灭火器灭火。

7. 实验结束后，整理实验用品并清理台面。实验废弃物(如实验动物尸体等)应放入或倒入指定的地点，需冲洗者按要求冲洗，需收回者按要求收回并摆放整齐。实验操作人员需洗手、消毒后方可离开。

8. 服从卫生值日安排，认真负责地做好清洁卫生工作。离开前仔细检查水、电、门、窗等是否关好，防止发生安全事故。

二、常用溶液的配制及注意事项

(一)溶液配制注意事项

1. 药品要有较好的质量。试剂分为优级纯(保证试剂，guaranteed reagent，G. R.)、分析试剂(antalytical reagent，A. R.)化学纯(chemical pure，C. P.)和实验试剂(laboratory reagent，L. R.)等等。工业用的化学试剂，杂质较多，只在个别情况下应用，如配洗液用的硫酸、配干燥剂的氯化钙等。

2. 药品称量要精确。

3. 配制试剂用水应用新鲜的去离子水或双蒸馏水。在组织培养等特殊用途时应注意：比电阻值在 50 万 Ω 以上，pH 在 5.5～7.0 才可应用。

4. 配好后的溶液，应立即除菌处理(如高压灭菌、抽滤或加抑菌物质)，以防杂菌生长。

(二)0.067(1/15)mol/L 磷酸缓冲液

1. 1/15 mol/L 磷酸二氢钾溶液的配制:称取磷酸二氢钾(KH_2PO_4,A. R.)9.08 g,用蒸馏水溶解后,倾入 1 000 mL 容量瓶内,再稀释至刻度(1 000 mL)。

2. 1/15 mol/L 磷酸氢二钠溶液的配制:称取无水磷酸氢二钠(Na_2HPO_4,A. R.)9.47 g(或者 $Na_2HPO_4 \cdot 2H_2O$ 11.87 g)用蒸馏水溶解后,放入 1 000 mL 容量瓶内,再加蒸馏水稀释至刻度(1 000 mL)。

3. 按附表的比例,配制成不同 pH 的缓冲溶液。

附表 1 磷酸盐缓冲液配制法

单位:mL

pH	1/15 mol/L Na_2HPO_4	1/15 mol/L KH_2PO_4	pH	1/15 mol/L Na_2HPO_4	1/15 mol/L KH_2PO_4
5.8	8.0	92.0	7.1	66.6	33.4
5.9	9.9	90.1	7.2	72.0	28.0
6.0	12.2	87.8	7.3	76.8	23.2
6.1	15.3	84.7	7.3	80.8	19.2
6.2	18.6	81.4	7.5	84.1	15.9
6.3	22.4	77.6	7.6	87.0	13.0
6.4	26.7	73.3	7.7	89.4	10.6
6.5	31.8	68.2	7.8	91.5	8.5
6.6	37.5	62.5	7.9	93.2	6.8
6.7	43.5	56.5	8.8	94.7	5.3
6.8	49.6	50.4	8.1	95.8	4.2
6.9	55.4	44.6	8.2	97.0	3.0
7.0	61.1	38.9	8.4	98.0	2.0

(三)0.15 mol/L PB 液

附表 2 0.15 mol/L PB 液配制法

单位:mL

pH	0.15 mol/L Na_2HPO_4	0.15 mol/L NaH_2PO_4
6.4	26.5	73.5
6.6	37.5	62.5
6.8	49.0	51.0
7.0	61.0	39.0
7.2	72.0	28.0
7.4	81.0	19.0
7.6	87.0	13.0

$Na_2HPO_4 \cdot 2H_2O$ 分子量 = 178.05　0.15 mol/L 溶液含 $Na_2HPO_4 \cdot 2H_2O$ 26.7 g/L。

$Na_2HPO_4 \cdot 12H_2O$ 分子量 = 358.22　0.15 mol/L 溶液含 $Na_2HPO_4 \cdot 12H_2O$ 53.7 g/L。

$NaH_2PO_4 \cdot H_2O$ 分子量 = 138.00　0.15 mol/L 溶液含 $NaH_2PO_4 \cdot H_2O$ 20.7 g/L。

$NaH_2PO_4 \cdot 2H_2O$ 分子量 = 156.03　0.15 mol/L 溶液含 $NaH_2PO_4 \cdot 2H_2O$ 23.4 g/L。

(四)0.2 mol/L PB 缓冲液

附表 3　0.2 mol/L PB 缓冲液配制法　单位:mL

pH	0.2 mol/L Na_2HPO_4	0.2 mol/L NaH_2PO_4
5.8	8.0	92.0
6.0	12.3	87.7
6.2	18.5	81.5
6.4	26.5	73.5
6.6	37.5	62.5
6.8	49.0	51.0
7.0	61.0	39.0
7.2	72.0	28.0
7.4	81.0	19.0
7.6	87.0	13.0
7.8	91.5	8.5
8.0	94.7	5.3

0.2 mol/L 溶液含 $Na_2HPO_4 \cdot 2\ H_2O$ 35.61 g/L

0.2 mol/L 溶液含 $Na_2HPO_4 \cdot 12\ H_2O$ 71.64 g/L

0.2 mol/L 溶液含 $NaH_2PO_4 \cdot H_2O$ 27.60 g/L

0.2 mol/L 溶液含 $NaH_2PO_4 \cdot 2\ H_2O$ 31.21 g/L

欲配 0.1 mol/L PB 缓冲液则在 0.2 mol/L PB 缓冲液的基础上加 H_2O 稀释 1 倍即可。欲配制 PBS 液时,则在溶液中加 0.85%的 NaCl 溶液即可。

(五)无钙镁离子磷酸盐缓冲液(PBS)

(0.15 mol/L pH 7.2)

NaCl	8.0 g
KCl	0.2 g
Na_2HPO_4	1.15 g
(如为 $Na_2HPO_4 \cdot 12H_2O$,则为 2.89 g)	
KH_2PO_4	0.2 g

将上述试剂依次溶于 1 000 mL 去离子水中,完全溶解后,115 ℃高压灭菌 10～15 min,存在 4 ℃冰箱中备用。此液可用于配制和稀释细胞分散剂以及洗涤细胞培养物。

(六)硼酸盐缓冲液(Borate saline buffer)

1. 硼酸(H_3BO_3)

0.2 mol/L 硼酸:硼酸 12.37 g 加水至 1 000 mL。

2. 硼砂($Na_2B_4O_7$)

0.05 mol/L 硼砂:硼砂 19.07 g 加水至 1 000 mL。

附表 4　不同 pH 的 0.2 mol/L 硼酸缓冲液配制法　　单位:mL

pH	0.05 mol/L 硼砂	0.2 mol/L 硼酸	pH	0.05 mol/L 硼砂	0.2 mol/L 硼酸
7.4	1.0	9.0	8.2	3.5	6.5
7.6	1.5	8.5	8.4	4.5	5.5
7.8	2.0	8.0	8.7	6.0	4.0
8.0	3.0	7.0	9.0	8.0	2.0

(七)巴比妥缓冲液

1. pH 8.4　0.06 mol/L 巴比妥缓冲液

巴比妥	1.84 g
巴比妥钠	10.30 g
加蒸馏水至	1 000.00 mL

2. pH 8.6　0.06 mol/L 巴比妥缓冲液

巴比妥	1.66 g
巴比妥钠	12.76 g
加蒸馏水	1 000.00 mL

(八)0.8%戊二醛

25%戊二醛	0.8 mL
0.43% NaCl	24.2 mL
临用前配制	

(九)三羟甲基氨基甲烷-盐酸缓冲液(Tris-HCl 缓冲液)

不同 pH,0.05 mol/L　Tris-HCl 缓冲液配制方法如下:

25 mL 0.2 mol/L 三羟甲基氨基甲烷加 xmL 0.1 mol/L HCl,加水稀释至 100 mL(附表 5)。

附表 5 Tris-HCl 缓冲液配制法 单位:mL

pH 23 ℃	pH 37 ℃	0.2 mol/L Tris	0.1 mol/L HCl	pH 23 ℃	pH 37 ℃	0.2 mol/L Tris	0.1 mol/L HCl
9.10	8.96	25	5	8.05	7.90	25	27.5
8.92	8.78	25	7.5	7.96	7.82	25	30.0
8.74	8.60	25	10.0	7.87	7.73	25	32.5
8.62	8.48	25	12.5	7.77	7.63	25	35.0
8.50	8.37	25	15.0	7.66	7.52	25	37.5
8.40	8.27	25	17.5	7.54	7.40	25	40.0
8.32	8.18	25	20.0	7.36	7.22	25	42.5
8.23	8.10	25	22.5	7.20	7.05	25	45.0
8.14	8.00	25	25.0				

三羟甲基氨基甲烷(Tris)分子量为 121.14

0.2 mol/L 三羟甲基氨基甲烷:Tris 24.23 g,加水至 1 000 mL。

0.1 mol/L HCl:取 HCl 8.6 mL,加水至 1 000 mL。

(十)0.5 mol/L pH 9.5 碳酸盐缓冲液

$NaHCO_3$	3.70 g
Na_2CO_3	0.60 g

溶于 600.00 mL 蒸馏水中即得。

不用时塞紧瓶塞,以免吸收空气中二氧化碳使 pH 下降。最好小量配制。

(十一)Hank's 液

1. 贮存液

NaCl	80.00 g
KCl	4.00 g
$Na_2HPO_4 \cdot 12H_2O$	1.52 g
KH_2PO_4	0.60 g
葡萄糖	4.00 g
0.4%酚红液	50.00 mL
双蒸水加至	100.00 mL

115 ℃高压灭菌 15 min,冰冻保存。

2. 工作液

贮存液	1 份
双蒸水	9 份

115 ℃高压灭菌 15 min。临用时用灭菌的 5.6% $NaHCO_3$ 液调 pH 至 7.2 左右(溶液呈橙红色)。

(十二)无 Ca^{2+}、Mg^{2+} Hank's 液

储存液

NaCl	80.00 g
KCl	4.00 g
$Na_2HPO_4 \cdot 12H_2O$	1.52 g
KH_2PO_4	0.60 g
葡萄糖	10.00 g

加蒸馏水使各组分溶解后,加入 0.4% 酚红溶液 50 mL,再加蒸馏水至 1 000 mL。4 ℃保存。

应用液:将原液用双蒸水做 1∶10 稀释,112.6 ℃灭菌 15 min,4 ℃保存。可用 1 个月。使用前用无菌 $NaHCO_3$ 调 pH 至 7.2～7.4。

(十三)阿氏(Alsever's)液

柠檬酸	0.055 g
柠檬酸三钠·$2H_2O$	0.8 g
葡萄糖	2.05 g
氯化钠	0.42 g
蒸馏水	100 mL

溶解后,用滤纸过滤,分装,10 磅 30 min 灭菌,4 ℃保存。取血时按 1∶1 比例与新鲜血液混合。

(十四)青、链霉素混合液(简称 S.P.液或双抗液)

青霉素(40 万 U)	5 支
链霉素(200 万 μg)	1 支

分别溶于 100 mL 灭菌无离子水中或共同溶于 200 mL 灭菌无离子水中,混合后分装小瓶,置 -20～-10 ℃冰箱保存备用(1 万 Uμg/mL)。

临用时,按 1% 的量加入营养液或其他溶液中,最后浓度是青霉素 100 U/mL,链霉素 100 μg/mL。

(十五)500 U/mL 肝素溶液

取 1 支 12 500 U 的肝素注射液,用无菌生理盐水稀释 25 倍,即为 500 U/mL。4 ℃保存。使用时取 0.1 mL 可抗凝血 2 mL。

(十六)0.5%台盼蓝染液

(1)台盼蓝染料	1 g
蒸馏水	100 mL

将染料置研钵内边研磨边加蒸馏水溶解。

(2)NaCl	1.7 g
蒸馏水	100 mL

临用前取(1)、(2)液等量混合,离心沉淀,取上清液供染色用。

(十七)培养液

1.RPMI-1640 培养液

RPMI-1640 干粉	10.4 g
Hepes	5.95 g
双或三蒸水加至	1 000 mL

摇匀,置 4 ℃过夜,使其完全溶解。过滤除菌,分装并置 −20 ℃保存,可供 6 个月使用。

2.RPMI-1640 完全培养液

RPMI-1640 培养液	170 mL
胎牛血清	20 mL
青霉素(10 000 U/mL)	2 mL
链霉素(10 000 μg/mL)	2 mL
L-谷氨酰胺(200 mmol/L)	2 mL

混匀,用 $NaHCO_3$ 溶液调 pH 至 7.1 左右,过滤除菌,−20 ℃以下保存。

3.淋巴细胞培养液

含有 50 μg/mL 庆大霉素及 10% FCS 的 RPMI-1640(GIBCO),4 ℃保存 2 周。

4.HAT 储存液的配制

A.100 倍浓缩的次黄嘌呤和胸腺嘧啶核苷(HT)储存液

将 136.1 mg 黄嘌呤(分子质量 136.1 Da)和 38.8 mg 胸腺嘧啶核苷(分子质量 242.2 Da)加入 100 mL 双蒸水(置于 50 ℃)中。用滤膜过滤除菌,以每瓶 2～5 mL 储存于 −20 ℃。次黄嘌呤储存中会出现沉淀,沸水中加热可溶解。

B.100 倍浓缩的氨基嘌呤(A)储存液

将 1.76 mg 氨基嘌呤(分子质量 440.4 Da)加入 90 mL 双蒸水中。逐滴加入 1 mol/L NaOH,直到氨基嘌呤溶解,再用 1 mol/L HCl 调至 pH 7.5。用双蒸水将终体积调至 100 mL。用滤膜过滤除菌,以每瓶 2～5 mL 储存于 −20 ℃。

5.HAT 培养液的配制

取 HT 储存液和 A 储存液各 2 mL 加入 96 mL 含 10%血清的组织培养液中。

(十八)洗液(清洁液)

配方 1:重铬酸钾	150 g
蒸馏水	300 mL
浓硫酸	3 000 mL

将重铬酸钾加入蒸馏水中,使之自然溶解或水浴溶解,亦可在大坩埚中加热溶解,然后慢慢加入浓硫酸,边加边搅拌,若发热过剧则稍停,冷却后再继续加。此为强洗液。

盛清洁液的容器要坚固,上加厚玻璃盖,操作时要穿橡皮围裙、长筒胶靴、戴上眼镜和厚胶皮手套,以保安全。

洗液一旦变绿,表示铬酸已经还原,失去了氧化能力,不宜再用。如将这样洗液加热,再加适量重铬酸钾,又可重新使用。

配方 2:浓硫酸	50%
蒸馏水	50%
重铬酸钾	5%

此为中等强度洗液。

配方 3:重铬酸钾	100 g
蒸馏水	1 000 mL
加热溶解,冷却后缓慢加入	
工业硫酸	100 mL

此液为弱洗液,为棕红色。使用此液时,必须预先用热肥皂水将玻璃器皿洗净,经自来水冲洗,沥干后才能浸入,否则该洗液很快失效。

参考文献

[1] 李舫.动物微生物与免疫技术.4版.北京:中国农业出版社,2014.
[2] 刘莉,王涛.动物微生物及免疫.北京:化学工业出版社,2010.
[3] 郭鑫.动物免疫学实验教程.2版.北京:中国农业大学出版社,2017.
[4] 崔治中,崔保安.兽医免疫学.北京:中国农业出版社,2004.
[5] 崔治中.兽医免疫学实验指导.北京:中国农业出版社,2006.
[6] 杨汉春.动物免疫学.2版.北京:中国农业大学出版社,2003.
[7] 金伯泉.医学免疫学.北京:人民卫生出版社,2008.
[8] 王家鑫.免疫学.北京:中国农业出版社,2009.
[9] 林清华.免疫学试验.武汉:武汉大学出版社,1999.
[10] 徐顺清.免疫学检验.北京:人民卫生出版社,2006.
[11] 曹雪涛.免疫学技术及其应用.北京:科学出版社,2010.
[12] 葛兆宏,路燕.动物传染病.北京:中国农业出版社,2011.
[13] 罗江玲.病原微生物与免疫学实验与学习指导.西安:第四军医大学出版社,2010.
[14] 王兰平,李淑云.动物免疫工作实用手册.北京:科学普及出版社,2011.
[15] 王伟青.免疫学技术.重庆:重庆大学出版社,2014.
[16] 刘莉.动物微生物及免疫.哈尔滨:黑龙江科学技术出版社,2004.
[17] 于善谦,王洪海.免疫学导论.2版.北京:高等教育出版社,2008.
[18] 张宝恩.病原生物与免疫学基础.2版.北京:科学出版社,2008.